JN014617

やさしいもので整える
無印良品のセルフケア

世界文化社

はじめに

セルフケアとは、自分で自分をいたわり、心身のバランスを整えること。
なにかと忙しく、ストレスがたまりがちな現代社会では、
心がすり減ってしまう前に自分と向き合い、
心地よい状態を保つことがとても大切です。

「ちょっと疲れたな」というとき、
例えばゆっくりと湯舟に浸かる、好きな映画を観る、
早めに寝るなども手軽にできるセルフケア。
そして、スキンケアやメイクアップも
日常に取り入れやすい有効なセルフケアなのです。
なぜならば、自分のためにかける手間や時間こそが
自身へのいたわりとなり、心身を満たしてくれるからです。

だからこそ、毎日のセルフケアをサポートしてくれるコスメは、
身近なものであってほしい。
惜しみなく使いたいし、いつでもどこでも買いやすいものがいい。
年齢や性別を問わず、肌の悩みや目指すタイプに合わせて選びたい。
肌にも環境にもやさしいものを使いたい。
それを叶えてくれるのが、無印良品のコスメです。

端的にわかりやすい商品名が記載された簡潔なパッケージには、
無印良品による「コスメも日用品の延長にあるもの」という
考え方が表れています。
顔を洗う、歯を磨くといった日常的なお手入れの延長にあるスキンケアや
生まれ持った個性を生かすメイクアップも
心地よい毎日を過ごすためのもの。
いわば、「磨く」「飾る」というよりも、
「整える」ためにあるとも言える無印良品のコスメで、
自分をいたわるセルフケアを始めてみませんか?

目次

毎日使い続けられるものづくり

無印良品のコスメは、心地よい暮らしを実現する日用品の延長にあるもの。だから、毎日使い続けられる価格でなければなりません。かつ、人にも環境にもやさしく、高品質を実現するためには、家具や日用品、洋服、食品と同様に、無印良品独自の努力があります。それは、ひとつひとつのものづくりに、

1. 素材を選択する
2. 工程を点検する
3. 包装を簡略にする

という三つのルールを常に確認し続けることです。
どんなに売れていても、商品として定着していても、頻繁にプロセスを見直し、本質に関わらない無駄を徹底して省いています。いっぽう、本当に必要なことであれば、手間や時間のかかる工程であっても守っていきます。そうすることによって、大きくリニューアルするものもあれば、小さな改良を積み重ねているものもあります。

こうして無印良品は、必要なものを必要な形と適正な価格で届けることを続けています。
それは限りある地球の資源を守ることにもつながり、私たちが私たちの心身を快適に整えるセルフケアに役立っているのです。

part.1 ―― あの人のマイスタンダード

惜しみなく使えて、いつでも買い求めやすいのが
無印良品のコスメのいいところ。
日常に取り入れている人が多いのもうなずけます。
そこで年代、性別、ライフスタイルもさまざまなみなさまに、
“いつも使っているお気に入り”を教えていただきました。
「いざ買おうと思ったら、
どれを選べばいいのかわからない…」とお悩みの方は、
ぜひご参考に。

01

Booster serum

発酵導入美容液

天然由来成分*100%にこだわったコクのある導入美容液。成分の65%以上が、肌にハリと潤いを与える米ぬか発酵液。
化粧水の前に使用し、保湿成分が角質層まで浸透しやすいなめらかな肌に整えます。　50ml ¥1,990

*天然成分を化学的に反応させた成分を含みます

「発酵への期待と信頼感! 使い心地上々です」

REGULAR USER:

Kahoko SODEYAMA

そで山かほ子さん／イラストレーター

天然由来成分*100%にこだわり、水を使わず、成分の65%以上が米ぬか発酵液でできた、濃厚なとろみのあるテクスチャーの導入美容液。肌にハリと潤いを与える米ぬか発酵液は、7種のビタミンや8種のミネラルを含有した山形県産の米ぬかを使用し、無印良品が独自に開発した潤い成分です。化粧水の前に使用することで、保湿成分が角質層まで浸透しやすいなめらかな肌に整えます。SNSでも話題沸騰のこちらに、イラストレーターのそで山かほ子さんもすっかり夢中!

「普段から発酵食品を意識して取り入れているので、発酵というワードにぐっと惹かれました。新潟県出身なので、小さい頃から『杜氏の肌はきれいなんだよ』と聞かされていたこともあり、お米や麹や米ぬかへの信頼は絶大で。とろっとしたテクスチャーですが、さらりとなじんで、肌が柔らかくなったように感じています。肌が薄くて敏感なので、かゆみや赤みが出やすいのですが、使い始めてからはそんな悩みも減りました」

発酵導入化粧液も愛用中。美容液のほうが、より潤い成分の配合が多いので保湿力が高い。季節によって使い分けています。

そで山さんの愛用コスメたち。「肌に使うものはなるべく自然に近いものがいいと思っているので、"無印"はその点も魅力です」。

*profile_*

雑誌や書籍などを中心に活躍するイラストレーター。旅先や日常で出会ったものや人を、アクリル絵の具をたっぷり使って描いた作品や独特のタッチで描く線画が人気。近年、プライムウッドのカットワークのプロダクトも手掛けている。

02

Facial mask

エイジングケア薬用リンクルケアクリームマスク

有効成分としてナイアシンアミド配合でシワを改善。乾燥が気になる肌をもっちりハリのある肌に仕上げます。
顔全体に厚く塗り広げ、3〜5分ほどおいたのちにマッサージするようになじませます。
医薬部外品販売名：M薬用リンクルクリーム　80g ¥1,990

「塗った翌朝の肌がふんわり。使い続けます」

REGULAR USER:

Midori TOMIZAWA

冨澤 緑さん／ショップスタッフ

リンクル＝シワを予防するために、化粧水や乳液、美容液などの後、スキンケアの最後に使うフェイスクリーム。シワ改善に効果のある有効成分ナイアシンアミドをはじめ、ヒアルロン酸、コラーゲンなど7種の機能成分が配合されています。濃厚なクリームが肌に密着し、乾燥やカサつき、ゴワつきが気になる肌をしっかり保湿。コスメ好きの冨澤 緑さんも、毎夜、目元や口元に塗ると、翌朝の肌がふんわりすると感じているそう。

「数年前にこの商品を知ったときは、ナイアシンアミドを有効成分としている薬用で、ベースにオリーブ油やシアバターが配合されているのに、圧倒的に安い！とびっくりしました。普通、この成分だったらもっと高額になりますよね。でも当時はそこまでシワを気にしていなかったので購入には至らず。使い始めたのは去年の秋頃からなんです。夏に紫外線をたっぷり浴びたし、ちょっと1アイテムプラスしてケアしてみよう、と思ったときに使い始めました。効果が実感できたので、今も使い続けています」

部屋に花を欠かさないという冨澤さん。眺めるたびに、気持ちが癒されるのだとか。クリームのほのかなゼラニウムの香りもお気に入り。

「この価格なら使い続けられるからうれしい」と2個目をリピート中。寝る前は、最近、シワっぽさが気になる手にも塗っているそう。

*profile_*

インテリアショップやアパレル会社の勤務を経て、2010〜2020年までインテリア雑貨のセレクトショップ〈klala〉を営む。現在は、木工ブランドIFUJI（イフジ）の東京直営店〈IFUJI the box tailor〉のスタッフとして活躍。instagram：@midorinocoto

03

Sensitive Skin Series

敏感肌用シリーズ

天然由来成分*100%にこだわった低刺激性のスキンケアシリーズです。
潤い成分として3種の植物エキスと敏感肌に不足しがちなセラミドや5種のアミノ酸を配合し、健やかで潤いに満ちた肌に導きます。
敏感肌用化粧水 高保湿 300ml ¥990　敏感肌用乳液 高保湿 200ml ¥990
*天然成分を化学的に反応させた成分を含みます。　アレルギーテスト済（すべての方のアレルギーが起きないわけではありません）

「超敏感肌でも、やさしくしっとり潤います」

REGULAR USER:

Kiyomi KOBORI

小堀紀代美さん／料理家

敏感肌用シリーズは、無印良品の看板商品と言うべき人気アイテム。発売して23年が経った2023年、初めての大幅リニューアル。多くの根強いファンの期待を裏切ることなく、天然由来成分*を生かした、より肌にやさしいものに生まれ変わりました。化粧水はもちろんのこと、実は乳液も自信作。これまでよりも保湿力の高さを実感するという声が多いとか。そんな乳液を愛用している料理家の小堀紀代美さんは、皮膚科で処方された化粧品を使っているほど、かなりの敏感肌。

「合わないものを使うと赤くなってしまったり、かゆくなってしまったりするんです。雑誌でビューティー記事を見るのも好きだし、いろいろ使ってみたい気持ちはあるものの、皮膚科で処方された化粧水とクリームが安心で。ただ旅行用に小さいサイズが欲しいなと思っていたところ、成分表を見たら使えそうだった乳液を試してみました。軽やかで肌になじみやすく、いつものケアだけだと乾燥が気になるときに、使うようにしています」

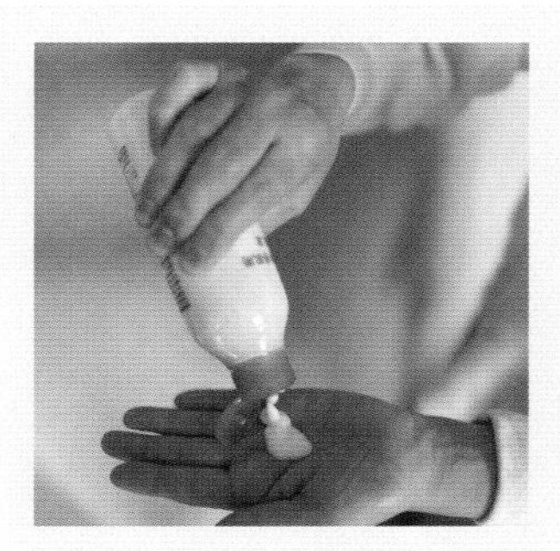

旅行用に50mlを買ったのが愛用のきっかけ。敏感肌のため、新しい化粧品を使うのが不安なときは、まず小さいサイズで試すのも手。

敏感肌用シリーズは、できるかぎり不要なものを入れず、低刺激な処方。「パッチテストをしてから顔に使ってみました」と小堀さん。

*profile_*

料理家。東京・富ヶ谷にあった人気カフェ、LIKE LIKE KITCHENを経て、現在は同名の屋号にて料理教室を主宰。世界各地への旅で出合った味をヒントに、レシピを考案。著書に、『ライクライクキッチンの旅する味』（主婦の友社）など多数。

「同世代がみんな使っていたから安心感があった」

REGULAR USER:

Kensei KOISHI

小石研成さん／高校3年生

　スキンケアを始めたのは高校生になった頃という17歳の小石研成さん。興味を持ったきっかけは、肌トラブルでした。

「それまでは、母がくれたものをたまに使う程度でこだわりもなく。でも鼻の皮がむけているのに、おでこのあたりはベタつくし、ニキビもある。ネットでいろいろ調べたら、スキンケアが必要らしいとわかって」

　そこで化粧品売り場に行ったり、オンラインで探してみたりしたものの、種類が多すぎて混乱。ドラッグストアで手頃な価格のものを買ってみたけれど、肌の調子は変わらず。悶々としながらネットで検索しているうちに、小石さんの目に留まったのが無印良品の敏感肌用化粧水 高保湿でした。

「スキンケアを紹介する同世代の動画などを観ていたら、みんな無印良品の敏感肌用化粧水を使っているという印象で。“無印”なら安心だしよさそうだなと思って試しに買ってみたら、ニキビにしみて痛いこともないし、カサつきが治ったんです」

　自分のお小遣いで買えることもあって2本目を愛用中。

洗面所に置いていたら、お母さまがポンプヘッドに付け替えてくれていたそう。「ポンプ式にしただけで、すごく使いやすくなりました」。

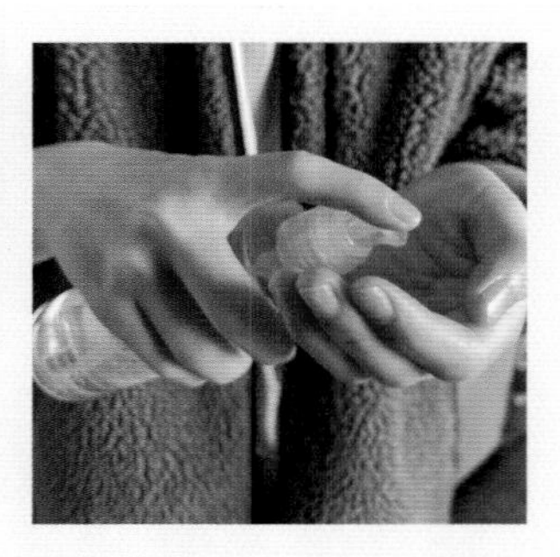

朝晩、洗顔の後に敏感肌用化粧水と乳液を使用。「高保湿を使っていますが、特にベタつきは感じません。ニキビは皮膚科の薬で治療中」。

*profile_*

高校3年生。インドア派の色白で、肌質は自分調べで混合肌。テスト前などにジャンクフードを食べすぎてニキビが増えるのが悩み。情報元はTikTokなどのネットがほとんど。

「コストパフォーマンスがいいので、家族全員で愛用しています」

REGULAR USER:

Mika SATO

佐藤美香さん／アパレルブランド勤務

家族全員が敏感肌で、“敏感肌用”の低刺激コスメにアンテナを張っているという佐藤美香さん。海外製の化粧品は肌荒れしてしまうことが多く、いつも日本製を選ぶようにしていると言います。無印良品の敏感肌用化粧水 しっとりは、ご主人が買ってきて使い始め、それを娘さんや息子さんも使うようになり、気づいたら家族全員で愛用するようになっていたとか。

「少ない量でものびがよく、潤いが持続するので気に入っています。SNSでも話題になっていましたが、コンビニでも買えるのが便利だし、“無印”のものだという安心感があるので使い続けやすい。とにかくコストパフォーマンスがいいので、家族みんなでじゃばじゃば使っても罪悪感がありません。私は朝の洗顔後と、夜の入浴後、顔全体に塗ったあと、手についた余りを首やひじにも塗っています。時間に余裕があるときは、これを3回ほど繰り返すこともありますし、乾燥していると感じたときに、メイクの上からつけることも」

毎日の洗顔後のスキンケアセット。敏感肌なので、コスメは低刺激のものを、タオルは肌にやさしい質感のものをセレクトしている。

13歳の長女も化粧水を愛用。ここ2年ほど使用しているが、乾燥肌もしっかり潤い、肌荒れやニキビにも悩まされていないそう。

*profile_*
文化服装学院卒業後、アパレルブランド勤務。古着をベースとしたカジュアルファッションが得意。プライベートでは一男一女の母。家族全員ファッション好き。

04

Sunscreen SPF50+ PA++++

日焼け止めジェル SPF50+

のびがよく軽い使用感のジェルで、汗・水に強いウォータープルーフタイプ。（UV耐水性★）石けんで洗い流せます。
潤い成分としてヒアルロン酸Naを配合しました。ムラなくつけ、2〜3時間おきに塗り直すと効果的です。　150ml ¥890

「さっと塗れて肌にベタつかないのが嬉しい」

REGULAR USER:

Yuka TAKAHASHI

高橋ユカさん/uryya共同主宰

紫外線対策は大切だと知ってはいても、忙しくてつい後回しにしてしまうという方も多いのでは? 家業を手伝いながら、友人と立ち上げたアパレルブランドの仕事にも力を入れ、家事や娘さんの教育にも大忙しの高橋ユカさんもそんな一人。

「コスメ選びは、忙しい日常に取り入れやすいことが優先事項。特に日焼け止めは、独特の匂いとテクスチャーが苦手ということもあって、ずっと自分に合うものはないかと探していたんです。ジェルタイプのこちらは、発売されたときに試しに購入して以来、数年使い続けています」

軽い使用感なのに、汗や水に強いウォータープルーフタイプ。しかも石けんで洗い流せるという優秀なアイテムなのです。潤い成分としてヒアルロン酸Naが配合されているのも高ポイント。

「何より、塗った後にベタつかないのがいい。普段、自分たちのブランドのシルクの洋服を着ることが多いので、塗った後すぐに服が着られるのが嬉しい。今ではもう、手放せません」

のびがよく、乾燥しないので使い心地よし。化粧水や乳液のあとに日焼け止めジェルを塗り、その後、化粧下地という順で。

「容量もたっぷりなのでジャブジャブ使えるのがうれしい!」と高橋さん。家族みんなで使えるよう、洗面所の棚の中が指定席。

*profile_*

流行にとらわれず、自然や人々の背景を大切にしてものづくりを行うファッションブランド〈ユライヤ〉の主宰メンバーの一人。美容情報は、高校生の娘さんから入手することも多いとか。

05

Jojoba oil

ホホバオイル

ホホバの種子から搾ったオイルを化粧用に精製しました。保湿やマッサージ、頭皮のお手入れに適しています。
使いやすいポンプタイプ。低温状態で白濁したり固まったりすることがありますが、品質には問題ありません。 200ml ¥2,490

「シャンプー前に使うと、頭皮がすっきりするんです」

REGULAR USER:

Aya SHIMIZU

清水 彩さん／ROIRO主宰

砂漠地帯などの過酷な気象条件で育ち、2年以上も水なしで生きられると言われているホホバ。そんなホホバの種子から搾ったオイルを化粧用に精製したのがこちら。肌なじみがよく、さらっとした使用感で、使いやすいポンプ式。化粧水の後になじませると、角質層まで水分と油分が行き渡り、保湿力がアップします。もともとスキンケアにオイルを取り入れている清水 彩さんは、このホホバオイルをヘッドマッサージ用に使っているそう。

「2、3年前、美容師をしている友人から、シャンプー前にホホバオイルを使うといいよと教えてもらったのがきっかけ。オイルを塗ってから頭皮をマッサージして、そのままシャンプーをすると、皮脂汚れが浮き上がって落ちるらしく、すごくすっきりするんです。パッケージがシンプルなところも気に入っています」

ホホバオイルの主成分は「ワックスエステル」という人の皮脂にも含まれている成分。肌へもすっとなじみやすいから、保湿やマッサージ、頭皮のケアにもおすすめなのです。

入浴後、体が温まっている状態で使用すると、肌の水分と油分のバランスを整え、乾燥や肌荒れを防ぎ、なめらかに保つ効果が。

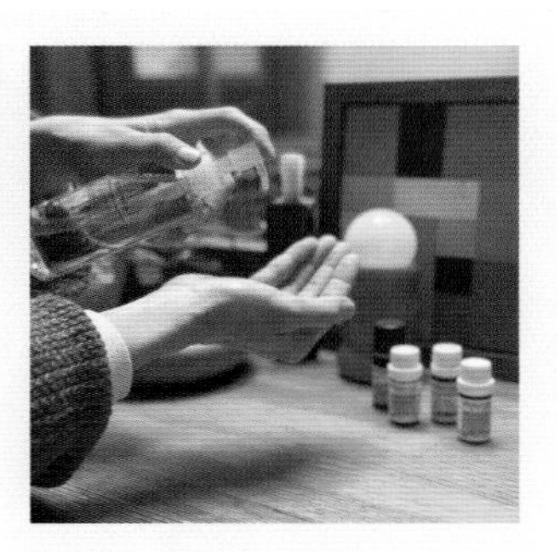

ホホバオイルはほぼ無臭。好きな香りのエッセンシャルオイルと混ぜて、足や首周りなどボディの保湿にも使っているそう。

*profile_*

国内外のブランドやアーティストをつなぐ企画、PR業務を主にしたROIROを主宰。LAのデザインチームcommuneの日本での製作キュレーションや、神田のレストランThe Blind DonkeyのPR、MOHEIMのPRアドバイザー業務などを担当している。

「髪のパサつき防止ケアとスタイリングに重宝しています」

REGULAR USER:

Yuka TAKAHASHI

高橋ユカさん／uryya共同主宰

インドの手織りの上質なシルク生地を使ったブランドで、デザインや企画などに携わっている高橋ユカさん。数年前から、ハイトーンのショートヘアがトレードマークとなっています。

「かなり明るい色にブリーチしているので傷みやすいのですが、大人の髪がパサついているのは避けたいもの。そこでドライヤーで乾かす前に、タオルドライした髪にこのホホバオイルをなじませて、熱から保護するようにしています。さらっとした軽さと浸透力のよさが好き。ツヤがキープできるうえ、スタイリングにも使えるので、とにかく便利。手に残ったオイルは洗い流さず、そのままなじませながら手指のマッサージに利用しています」

韓国アイドルや韓国コスメに夢中という高校生の娘さんも、無印良品のコスメがお気に入り。美容の流行にも詳しい娘さんからのアドバイスを参考に、コスメを選ぶことも多いのだとか。ホホバオイルは年齢や性別を問わずに使えるので、母娘で一緒にスキンケアを楽しめるのもいいところ。

ドライヤーで乾かすときや、朝のスタイリング時に、ホホバオイルを髪になじませて。軽い質感だから、髪がぺったりする心配もなし。

「シンプルなパッケージだから、出して置いていても目ざわりにならず、『片付けて!』という親子喧嘩も避けられます（笑）」と高橋さん。

*profile_*

流行にとらわれず、自然や人々の背景を大切にしてものづくりを行うファッションブランド〈ユライヤ〉の主宰メンバーの一人。この春から息子さんが独立し、大分でご主人と娘さんとの3人暮らしがスタート。

「施術は香りの好みを押しつけない無香料がリフレにいい」

REGULAR USER:

Mitsuharu YAMAMURA

山村光春さん／エディター・コピーライター

リフレクソロジーは、足裏からふくらはぎにかけて末梢神経が集中している「反射区」と呼ばれる部位を刺激し、冷えやむくみを改善し、免疫力アップなどが期待できる手技。こちらを学ぶようになってから初めて、ホホバオイルを使い始めたという山村光春さん。

「それまでスキンケアに頓着がなく、無知だったけれど、無印良品のことは、創業当時からブランドとしてのポリシーが好きでした。だから"ケアオイルことはじめ"には、無印良品のホホバオイルがぴったりだなと」

精製したホホバオイルは、無色透明でほぼ無臭。そこも山村さんが愛用する理由のひとつだとか。

「施術するときは、自分の香りの好みを押し付けることなくフラットでありたいので、無香料がいい。施術後すぐに歩けるくらいベタつかないところもありがたい。バームも使いますが、寒い日は特により伸びのいいホホバオイルを選びます。手に取ったあと、両手で包み込むようにして上下にしごくと、だんだんポカポカと足湯に入ったような心地になるんですよ」

東京と福岡の二拠点生活をしている山村さん。2013年よりリフレクソロジーの勉強を開始し、「FOOTLIGHT&GO.」としても活動中。

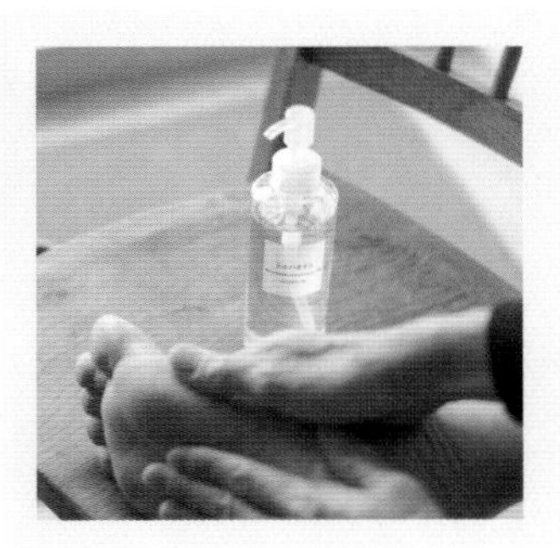

ホホバオイルを使ってマッサージすることで、肌への摩擦が軽減される。20分ほどのマッサージで、老廃物が流れ、足が軽くなるそう。

*profile_*

BOOKLUCK代表。雑誌「オリーブ」のライターを経て、現在は広告をはじめ、さまざまなメディアの編集・執筆の傍ら、編集教室「やさしい編集室」を主宰、講座やイベント、ワークショップなども多く手掛けている。東京芸術大学非常勤講師。

06

Essential oil aroma scalp care shampoo, conditioner

精油の香り地肌ケアシャンプー、コンディショナー

植物から抽出した精油だけで香りをつけました。シャンプーは皮脂を落としすぎないよう、やさしく地肌を洗いあげ、健康な頭皮を保ちます。
コンディショナーはカラーリングや乾燥によるダメージを補修し、まとまりやすい髪に仕上げます。
精油の香り地肌ケアシャンプー／300ml ¥1,290　コンディショナー／250g ¥1,290

「天然精油の香りに癒されます」

REGULAR USER:

Kanako KUBOTA

久保田加奈子さん／スタイリスト

　ハーバル系のシャンプーをずっと探し続けていたという、スタイリストの久保田加奈子さん。いろいろなものを試しながら使っていましたが、ピンと来なかったそうです。そんなときに立ち寄った無印良品の店舗で見かけたのが精油の香りシリーズでした。

「ティートリーとブラッドオレンジがベースのグリーンシトラスを使ってみたら、すごく好きな香りで。天然精油を使ったものは高価格なものが多いけれど、こちらは植物から抽出した精油だけで香りがついているのに、コストパフォーマンスがいいのもありがたい。洗いあがりはすっきりするけれど、地肌の皮脂を落としすぎないので、乾燥してかゆくなる心配もありません」

　香りはほかに、イランイランとシダーウッドを基調にした上品な甘さのあるウッディフローラル、ラベンダーとスウィートオレンジを基調にブレンドしたフローラルシトラスも人気。

「季節や気分によって使い分けています。無印良品は店舗がたくさんあって気軽に買い足せる点も、使い続けている理由になっています」

スリムボトルでかさばらないので、遠出をする際はカゴに入れて車に乗せておくそう。温泉や銭湯に立ち寄り湯をした際に便利。

「精油の香りに癒されながらのバスタイムが毎日の楽しみで、心も体もリラックスして気持ちよく眠る準備ができます」と久保田さん。

*profile_*

雑誌や書籍、広告などの料理制作とフードスタイリングを幅広く手掛けるフードスタイリスト。料理のおいしさを引き出す器やクロス選びに定評がある。プライベートでは小学生の女の子の母。

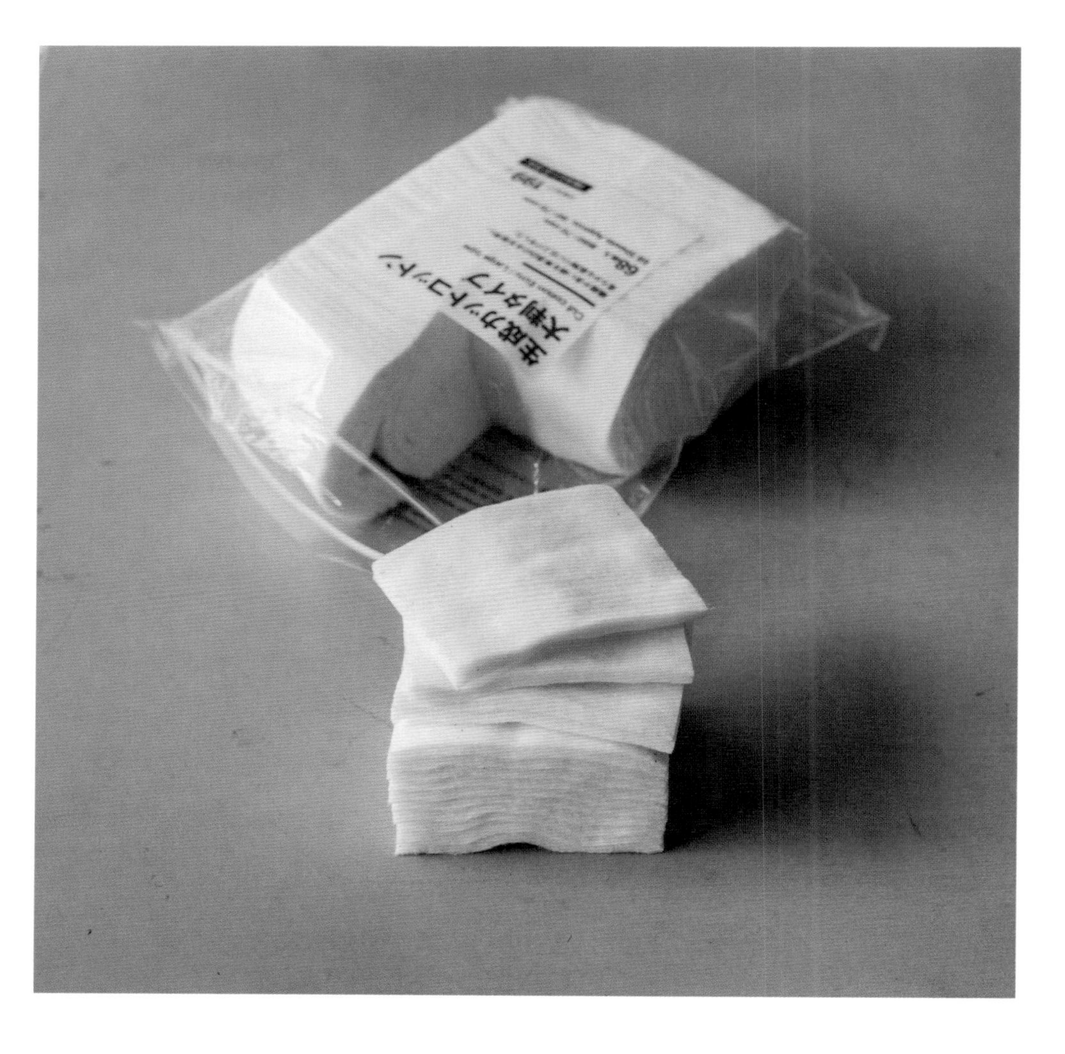

07

Cut cotton Ecru / Large type

生成カットコットン／大判タイプ

繊維が長い綿を無漂白のまま使用し、柔らかな肌触りに仕上げました。コットン100%。　68枚入／約90×70mm／¥199

※ コットンの表面や内部に黄色や黒色の斑点状のものが見つかる場合がありますが、これは天然の綿実の殻です。使用上の問題はありません。

「やさしい風合いと大判サイズに安心感」

REGULAR USER:

Hiromi KATO

加藤広美さん／精油療法士

無印良品にカットコットンは5種類ありますが、なかでもファンが多いのがこの生成カットコットン。アロマセラピストとして活躍している加藤広美さんが長年愛用しているのは、その大判タイプです。生成カットコットンが60×50mmなのに比べて、大判タイプは90×70mmとかなり大きめ。

「セルフネイル派なので、マニキュアを落とすとき、必ず使うのがこのコットン。ヘアメイクアップアーティストの友人に教えてもらって以来、マニキュアを落とすときは、コットンを小さくカットしてリムーバーを含ませ、すべての爪にしばらくのせておいてからオフするようにしているんです。そうすると、ゴシゴシとこすらずともするっと落とせるようになるので、特にペディキュアは必ずそうしています。大判サイズだと安心感があるし、使いやすい大きさにカットできるのもいい」

無漂白ならではの素朴な風合いも、加藤さんが気に入っているところだそう。繊維が長い綿を無漂白のまま使用した、柔らかな肌触りが特徴なのです。

「ネイルケアは自分のための大切な時間。道具は好きなものを長く使いたいので、販売され続けている点もうれしい」と加藤さん。

ネイルをオフする以外にも、目元などのポイントメイクを落とすときや、精油のふたをアルコールで拭くときにも重宝しているそう。

*profile_*

THENN AROMATHERAPY主宰。PEOTセラピスト、精油療法士。対面でのパーソナルブレンディングを中心に、ワークショップや企業プロダクトの香りの監修、香りでの空間演出を行っている。本書では精油の使い方のアドバイスも。

08

Sleeping mask

エイジングケアスリーピングマスク

天然由来成分*100%にこだわったスキンケアシリーズです。潤い成分として米ぬか発酵液と11種の植物エキス、
ビタミンC誘導体、レチノール誘導体を配合。翌朝の肌をもっちりハリのあるなめらかな肌に整えます。　45g ¥2,490
*天然成分を化学的に反応させた成分を含みます。

「翌朝の肌がもっちり。頼りにしています」

REGULAR USER:

Yoshie UEMATSU

植松良枝さん／料理家

スリーピングマスクとは、眠る前に塗り、寝ている間に保湿ケアをしてくれるもの。肌にラップをかけるように、潤いの膜でしっかりと保湿成分を閉じ込めます。薬用リンクルケアクリームマスク（p.12参照）とどちらを使うか迷う人が多いようですが、保湿力は同等。スリーピングマスクのほうが少し柔らかく、のびやすいのでマッサージにも向いています。スリーピングマスクを塗って寝た翌朝は、ハリや潤いを実感するという声が多いそう。

「1年ほど前、友人からこのシリーズのよさについて力説されたんです。開発に労力をかけた商品らしい、と聞いたことをきっかけに使い始めました。夜は洗顔後、タオルで顔の水分をおさえる前にオイルをなじませた手を顔に当て、肌をふっくらとさせてから化粧水（またはシートマスク）で水分補給。その後、乳液または美容液を塗って、仕上げにスリーピングマスクを塗っています。こうして念入りにケアすると、翌朝の肌のもっちり感を実感できて効果がわかりやすいんです。肌の乾燥が気になる時期には、特に頼りにしています」

米ぬか発酵液や植物エキス、ビタミンC誘導体、レチノール誘導体などを配合し、エイジングサインに多面的にアプローチするクリーム。

「週に2〜3回はシートマスクを使いますが、その後にもスリーピングマスクが欠かせません」と植松良枝さん。

*profile_*

料理家。料理教室を主宰するほか、各種メディアで活躍中。また、代々木八幡にあるベトナム料理店、ヨヨナムのプロデュースや、阪神梅田本店7階の喫茶室KOHOROをはじめとした、企業やレストランのメニュー開発も行っている。instagram：@uematsuyoshie

09

Aroma diffuser without water

水を使わないアロマディフューザー

香りをしっかり楽しめる直噴射式。好きな明るさでお部屋を灯せる電球色の調光式です。
アロマオイルは、必ず無印良品の「エッセンシャルオイル10ml」をご利用ください。
香りの適用範囲は約4.5〜8畳で、強・弱 2段階調整可能。 ¥4,990

「機能性が高いのに、気楽に使えるのがいい」

REGULAR USER:

Maki TAKEUCHI

竹内万貴さん／スタイリスト

就寝前や仕事に集中したいときなどに、香りで空気の流れを変えたくて、お香やアロマディフューザーを使っているというスタイリストの竹内万貴さん。ディフューザーというと水を使う超音波タイプが一般的ですが、最近使い始めたネブライザー式は、エッセンシャルオイルを水で薄めたりすることなく、原液のまま空気圧で噴霧させるもの。
「水を入れる手間や、水の残量を気にする必要がないので、気軽に使えます。香りがくっきりとしていて、それぞれの精油のチャームポイントをふとした瞬間に感じます。就寝前は火や煙が出ることに抵抗があるので、お香やキャンドルよりもアロマオイルを使いたいし、無段階調光式の間接照明にもなるので、普段はベッドサイドに置いています。ベッドの中で本を読んだり、映画を観たりするときにつけていますが、寝入ってしまったとしてもタイマーがついているので安心。電源がUSB式なので、日中はテーブル上に移動して使うこともできて便利。その際は弱モードにして、香りが強すぎないように調整できるところも気に入っています」

噴射と停止を自動で繰り返す間欠駆動で、強弱の2段階に調整可能。連続使用8時間で自動的にオフになるタイマー機能つき。

無印良品のエッセンシャルオイル10mlのボトルに、本体付属のノズルキャップを取り付け、セットするだけ。

*profile_*
新聞社勤務を経て、「うつわに携わる仕事がしたい」という一心で退職。アートギャラリーのスタッフや料理家のアシスタントとして修業し、スタイリストに。料理にまつわる書籍や雑誌で活動中。監修した本に「うつわの教科書」（ナツメ社）がある。

10

Bath puff small

泡立てボール／小

目の細かいネットをボール状に仕上げました。ホイップ状の泡が簡単に作れます。
でき上がった泡を手に取り、肌にのせてから洗ってください。ご使用後はよくすすぎ、水気をきって乾燥させてください。　¥99

「濃密なもちもち泡は、これなしでは作れません」

REGULAR USER:

Nana OMORI

大森奈奈さん／エディター

その名のとおり、顔や体を洗うための泡を作れる道具。ボール状に仕立てられた目の細かいネットでできていて、ホイップ状の泡を簡単に作ることができます。使い方は簡単。ぬるま湯で濡らしてから洗顔料や石けんを適量つけ、揉むように泡立てるだけ。固形石けんでも液体石けんでもどちらでも使用できます。女性誌を中心に活躍し、美容情報にも詳しいエディターの大森奈奈さんは、肌への摩擦を避けるために、泡立てボールを長く愛用しているそう。

「とにかく泡立ちがいい! 濃密なもちもち泡に包まれると、幸せな気持ちになります。ジェルなど泡立てないタイプの洗顔料を除いて、どんなものを使ってももっちりと濃密な泡ができるから、洗顔料が少量で済むのもうれしいところ。体も手で洗うようにしているので、本当は体用には大がいいんだけど、バスルームに吊るすのは1つにしたくて。小サイズを顔と兼用で使っています。泡立ちがいいから小でも十分な量の泡が作れますよ」

使用後は水気をきり、風通しのよい場所に保管しておけば、すぐに乾く。「型崩れしにくく、長持ちする点も気に入っています」と大森さん。

大森さんが若く見えるのはシワひとつない肌の質感ゆえ。摩擦レスの泡洗いを長年続けている効果は大きいよう。

*profile_*

講談社発行の雑誌「FRaU」をはじめ、さまざまなメディアで“地球や人の未来”を考える記事を編集・執筆している。プライベートではサーフィンに夢中。色白タイプだったのが、すっかり年中日焼けタイプに。

II

All-in-one gel

エイジングケア薬用美白オールインワンジェル

有効成分として、ビタミンC誘導体配合でメラニンの生成を抑え、シミ・ソバカスを防ぎ、トラネキサム酸配合で肌荒れを防ぎます。
化粧水・乳液・美容液がひとつになった保湿ジェルで、洗顔後のお手入れが簡単にできます。
医療部外品。販売名：M薬用美白美容液ジェルAC。100g ¥1,890

「1本でスキンケアできるから、旅先で大活躍」

REGULAR USER:

Junko SUZUKI

鈴木純子さん／ワインショップオーナー

化粧水・乳液・美容液がひとつになった保湿ジェル。「手軽でも機能性は諦めたくない」という声に応えて、ビタミンC誘導体を配合することでメラニンの生成を抑え、シミ・ソバカスを防ぎ、さらにトラネキサム酸配合で肌荒れを防ぐというスグレモノ。椿、バラ、柚子、ユキノシタなど11種の天然潤い成分と、ヒアルロン酸、コラーゲンなど7種の機能成分を配合。乾燥やエイジングが気になる肌をしっとりなめらかに整えてくれます。洗顔後はこれ1本でOKなので、育児中のママやとにかく忙しいという人に大人気。フランスへワインの造り手を訪ねる旅をライフワークとしている鈴木純子さんは、長期間になる旅の荷物を少しでも減らしたいことから使い始めたのだそう。

「化粧水、乳液、クリーム……とそろえると荷物がかさばるし、詰め替えるのも面倒。1本でOKとなれば、かなりコンパクトになるうえ、ロングドライブで疲れ果てた夜のスキンケアが、これだけで済む気軽さも気に入っています。ベタつかないつけ心地も好みです」

日本でも愛用しているという鈴木さん。「これ1つで十分にしっとりしますが、特に乾燥する季節はオイルを重ねづけすることも」。

フランスのホテルにて。地方のワイン生産者を訪ねてまわるため、2週間から1ヵ月ほど滞在することが多いそう。

*profile_*

アタッシェ・ドゥ・プレスとして活動するいっぽう、長年魅せられ続けている自然派ワインを扱うオンラインショップ〈bulbul〉を立ち上げ、ワイン講座やイベント、レストランのワインリスト作成など、ワインに関わる仕事にも携わっている。

12

Pile hair turban / thick

パイルヘアターバン／太

吸湿性があり、ムレにくいパイル地を使用しました。メイク時や洗顔時に便利です。
縫い目が肌に当たらない縫製で作られています。洗濯の際は洗濯ネットをご使用ください。¥590

「20年使える丈夫さに絶大な信頼を寄せてます」

REGULAR USER:

Yuko MORI

森 祐子さん／エディター・PR

吸湿性があり、ムレにくいパイル地を使ったヘアターバン。細いタイプもあり、どちらも綿とアクリルの混紡です。発売当初からずっと変わらない形状は、縫い目が肌に当たらないように、表面が滑らかになるように作られています。この編み方ができる工場は全国でも少なく、ましてやヘアターバンのような小物に採用することはとても珍しいのだとか。アパレルブランドのプレスという経験を持ち、今はPRやエディター／ライターとして活躍する森 祐子さんも、ヘアターバンの愛用者の一人。

「ピタッと吸い付くようにフィットするのに、全く締め付け感がないのがいい。もう覚えていないくらい昔から愛用しています。頭頂部まで届きそうなほどの幅広なので、ロングでもショートでも髪がしっかりと収まるし、つけるとスッキリ見えてかっこいいとすら思う。だから寝起きすぐにでも、ターバンをつければ外にゴミ出しに出られるし、旅行先では寝癖の髪をこのターバンでカバーして朝食を食べに出ることも」

朝晩と使用し、洗濯を繰り返しても、ゴムが緩むことなく、長持ちする。森さんも20年ほど使い続けた経験あり。

洗顔やメイクをするときに使用。旅先にも必ず持っていく必需品。タオルのように柔らかな風合いで、速乾性も〇。

*profile_*

出版社の編集記者、アパレルブランドのプレス業を経て、現在はフリーランスのPRとして、ブランドコミュニケーションやアーティストマネージメントを手掛けている。エディター／ライターとして雑誌やウェブなどのメディアにて編集や執筆を行うことも多い。

プラスチックごみ削減のために

年間累計2500万個を販売している無印良品のスキンケアシリーズ。2023年9月には敏感肌用シリーズを全面リニューアルし、これまでよりもいっそう肌や環境について考え、天然由来成分※1 100%となりました。と同時に容器に、100%再生プラスチック(PET素材)※2を使用したリサイクルボトルを採用。また、敏感肌用シリーズ、エイジングケアシリーズの化粧水と乳液、導入化粧液には、従来のボトルの1/4のプラスチック使用量となる詰め替え用リフィルも登場しています。

また無印良品の店頭では、使い終わって不要になったPET素材のボトル(すべてのシリーズの化粧水と乳液、導入化粧液、自分で詰める水のボトル。50mlは対象外)を回収※3し、リサイクルを進めています。今後は回収率を上げる工夫をし、化粧品のボトルを化粧水などのボトルに再利用する「ボトルtoボトルリサイクル」にも取り組んでいく予定。

※1 天然成分を科学的に反応させた成分を含みます。
※2 主に清涼飲料水用のペットボトルを回収し、洗浄・リサイクルをしたPET素材。
※3 ボトルはキャップや中ぶたを外し、洗浄した状態で回収。

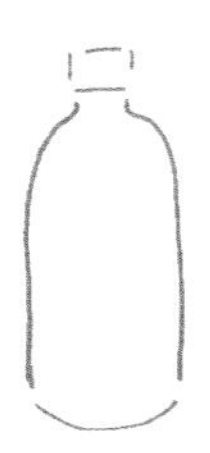
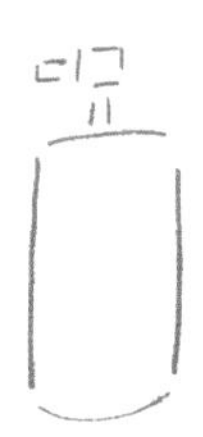
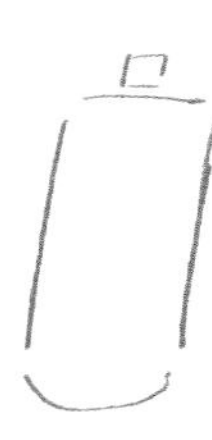
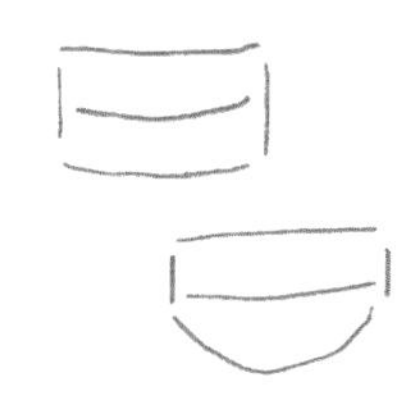

part.2

リピートするには理由がある 定番名品カタログ

買いやすく、毎日を快適にするものでありたい。
そんな想いがあるから、無印良品の商品開発には、
並々ならぬこだわりと努力があるのです。
みんながリピートしている、あの見慣れたロングセラー商品の
人気の秘密を探りました。

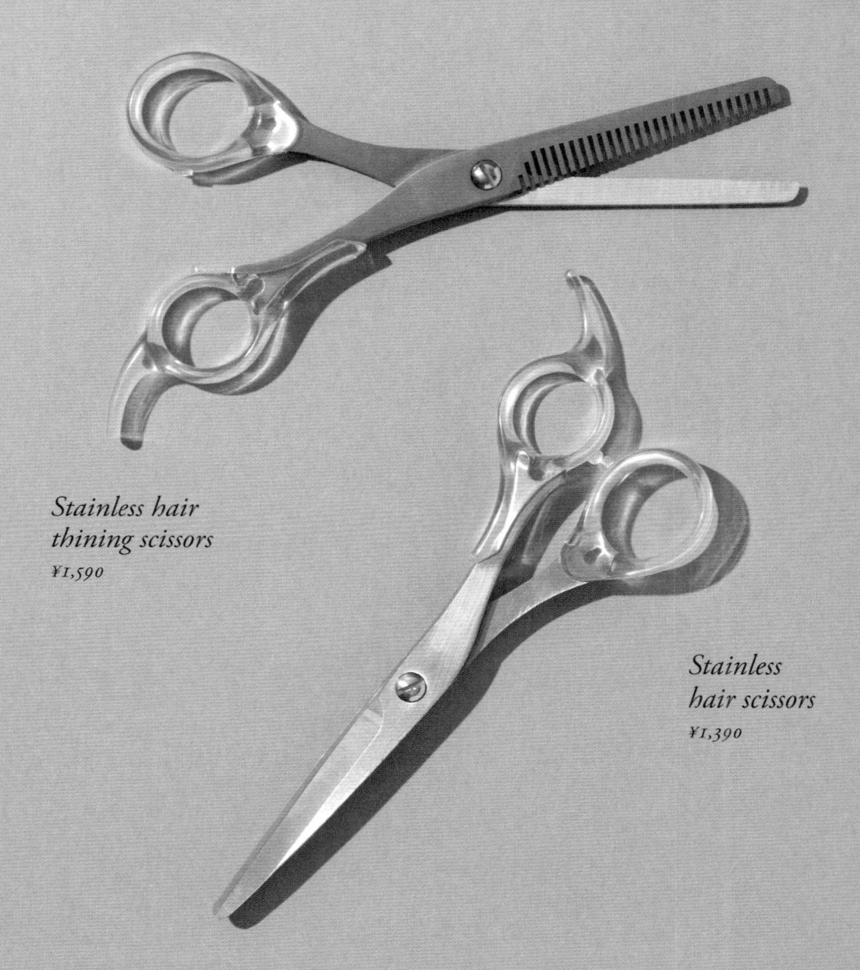

Stainless hair thining scissors
¥1,590

Stainless hair scissors
¥1,390

髪切りハサミ

—

刀剣作りで栄えた関市の伝統技術

無印良品は職人の手仕事を大切にしたものづくりでも知られています。戦国時代に刀鍛冶が集まったことから刃物の産地として発展した、岐阜県の関市の職人によって作られているのがこの髪切りハサミ。人の髪を切るための使い勝手を優先したものが多いのですが、こちらは自分で前髪を切ったりするときも使いやすいと評判。切れ味もよく、特別な手入れを必要としない点も喜ばれている、隠れたヒットアイテムなのです。すきハサミもあり、子どもの髪を切るために求める人も多いそうです。

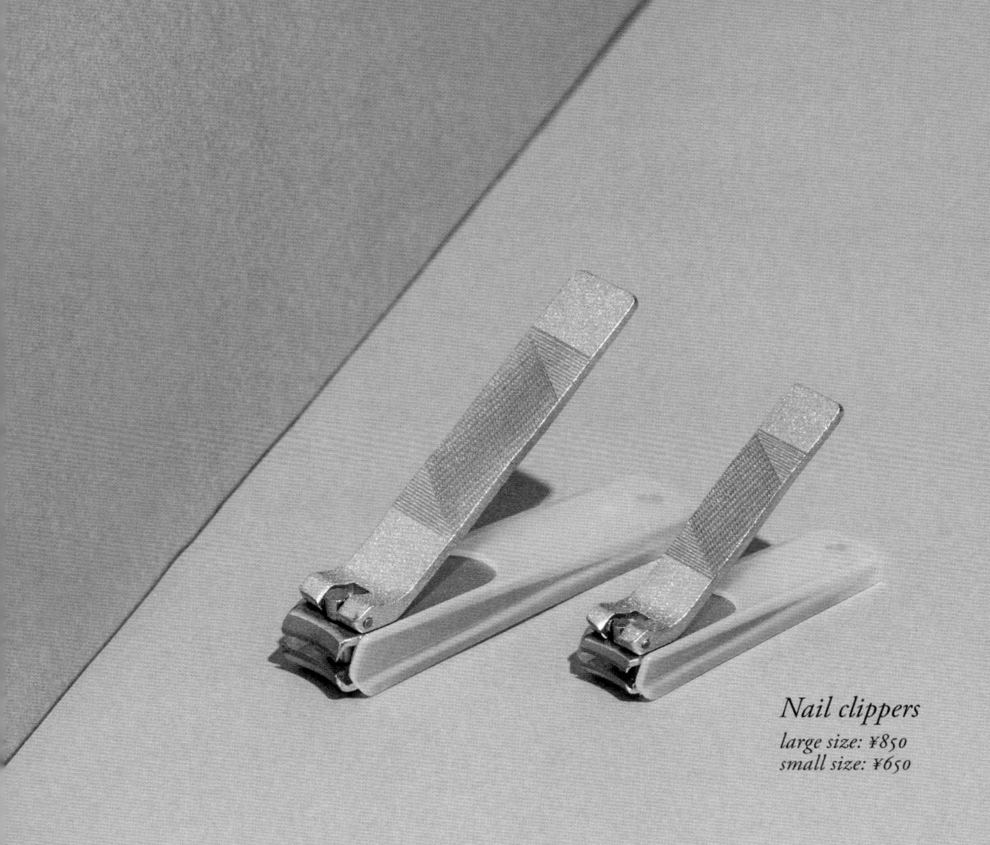

Nail clippers
large size: ¥850
small size: ¥650

爪切り

—

熟練の職人技で仕上げられた密かな名品

爪切りもまた、世界三大刃物産地に数えられる岐阜県関市の専用工場で作られています。複雑な機構と精緻な刃付けなど、40もの工程を経てでき上がります。爪切りの刃とテコの部分を針金で接合する作業や、肉眼ではわからないほどの刃の噛み合わせ、切れ味の決め手となる刃の微妙な角度などは、手先の感覚や微かな音を頼りにした職人の手作業。日本人の強く硬い爪もサクッとひと息に切れるため、爪が飛び散りにくく、二枚爪になりにくいのが特長です。長く安定した取引を行うことで、こうした職人技と古くからの産地を応援したいという想いも、無印良品のものづくりの柱となっています。

Moisturizing body milk for sensitive skin
300ml ¥1,090

敏感肌用うるおいボディミルク

—

家族みんなが使える低刺激性がうれしい

ボディミルクは一般的に、ボディクリームよりも油分の配合量が少ないもの。フェイシャルスキンケアで言ってみれば乳液のような役割です。こちらはなめらかにのびるので全身に塗りやすく、3種の植物エキスと敏感肌に不足しがちなセラミドや5種のアミノ酸を配合しているから、保湿力も抜群。すっと肌になじむので、お風呂上がりに塗ってすぐにパジャマを着ることも可能です。無香料にしているのは、敏感肌でも安心して使えるように、刺激になりうるものは避けているからなのです。

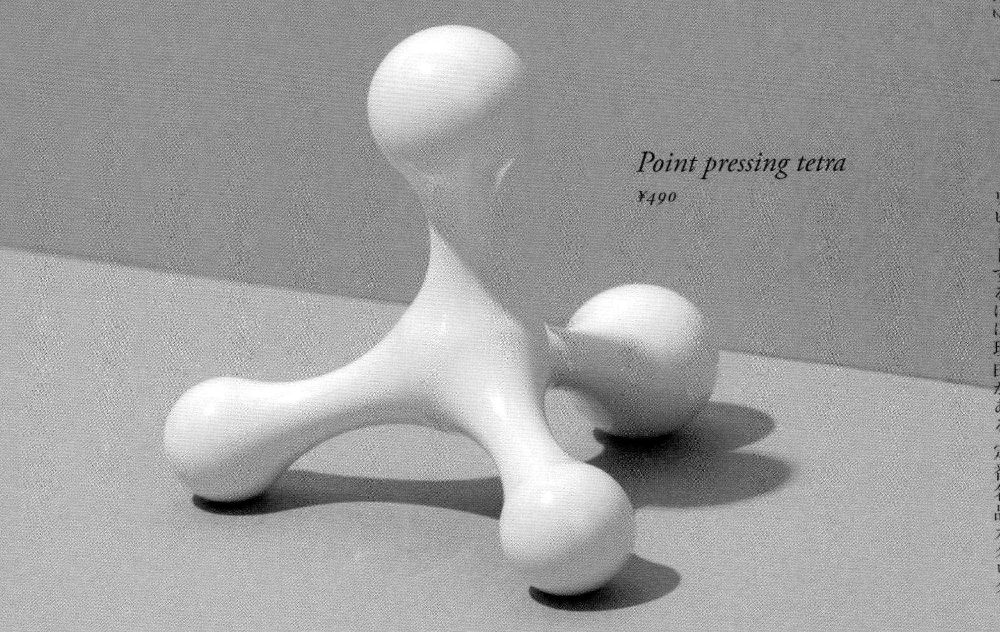

Point pressing tetra
¥490

ほぐしテトラ

—

体全体のツボを簡単にマッサージできる

なんと2008年から売れ続けているロングセラー。少しずつ大きさの異なる4つの玉が、首、肩、手、足裏など、さまざまな場所にフィットするので、これ一つで体全体のマッサージができます。テトラ型は持ちやすく、力の加減がしやすいのが利点で、陶器のようにも見える質感ですが軽くて丈夫な樹脂製です。色のマイナーチェンジはあれど、形自体はずっと同じ。デスクワークの傍らやリラックスタイムにすぐに手に取れるよう、しまい込まず外に出しっぱなしにできるオブジェのようなデザインも人気の理由だそう。

Jojoba oil
100ml ¥1,590

Olive squalane oil
100ml ¥1,790

Sweet almond oil
100ml ¥1,190

ピュアオイル6種

—

髪や顔や体の保湿、マッサージに

髪や顔、体にと全身に使えるピュアオイルは、ホホバオイル、スウィートアーモンドオイル、オリーブスクワランオイル、オリーブオイル、アルガンオイルの5種類（スポットケア用にローズヒップオイルもあります）。植物オイルのなかには黄色いものもありますが、無印良品では精製しているため、透明。品質が安定していて、強い香りもないので、万人が使いやすいはず。種類によってテクスチャーの重さが違うので、例えば軽いホホバは全身に、重めのオリーブはひじやかかとに、アルガンは髪に、などと使い分けるのもおすすめです。

Rosehip oil
50ml ¥1,490

Olive oil
100ml ¥890

Argan oil
30ml ¥1,790

薬用入浴剤

—

保湿効果があり、やさしい香りが人気

さまざまな種類がありますが、一番人気は甘くやさしいミルクの香り。疲れを癒し、気持ちを落ち着かせてくれる香りです。金木犀やジンジャーといった季節の限定品も発売されるたびに話題になりますが、ラベンダーやレモングラスなどの定番もリラックスできると好評。パウダーとタブレットの形状が選べ、タブレットは発泡します。すべて疲労回復や肩こり、腰痛、神経痛、冷え性などの緩和に効く医薬部外品で、肌への保湿効果も◎。分包タイプはギフトにする人も多く、気軽なプレゼントにも最適です。

Bath salt
380g ¥490

bath soap

130g×2 ¥190

バスソープ

普遍的なのに新しいアイデア商品

液体のボディソープが主流となった今も、根強い人気がある昔ながらの固形石けん。素材がシンプルで肌や環境にやさしく、パッケージも最小限で済むのが長所です。が、使うたびにどんどん小さくなっていくので、最後は割れたり落としたりして使い切れることがほとんどないという人も多いのでは？　こちらのボディ用バスソープは、上面のくぼみが特徴。このくぼみに小さくなった石けんを重ね、新旧を一体化させて使えるという逸品なのです。とにかくすべてをきっちり使い切る、無印良品ならではのアイデアに思わず拍手！

Urethane foam soap dish

¥290

発泡ウレタン石けん置き

—

水きれ抜群でもうヌメらない！

穴の空いた陶磁器やプラスチックのトレイだったり、ステンレスのスノコ状だったりと、世の中にはさまざまな形状の石けん置きがありますが、少なからず水がたまって、石けんが溶けたり汚れたりしがち。「ならば、水がきれやすく、乾きが早く、汚れがつきづらいウレタンのスポンジの上に置いてみたらどうだろう？」という発想から生まれたのがこちらです。滑らないので手に取りやすく、石けんが溶けずに長持ち。スポンジが劣化したら取り替えのサインです。くたびれたウレタンは掃除などに利用しても。携帯用のケース入りも便利です。

Thin stem cotton buds
¥250

細軸綿棒

—

ピンポイントなお悩みに使えるサイズ

巻きがしっかりと固めで上質だと定評がある無印良品の綿棒は、一般的な太さのものや黒いスパイラルタイプなど3種類。なかでも子どもやベビー用に便利な細軸綿棒が、メイク直しにも使いやすいという口コミが広がり大ヒット。アイラインの繊細な調整をしたり、はみ出たマニキュアやまぶたについてしまったマスカラをピンポイントで落としたりすることも、この細軸綿棒を使えば簡単です。また、キーボードの溝など細かい部分の掃除に愛用しているという声も。軸はプラスチックではなく紙製なので、折れずに程よくしなります。

Hand cream
for sensitive skin
50g ¥390

ハンドクリーム

—

健やかに潤う手指で清潔感アップ

手は年齢が出やすいパーツ。鏡を見なくても自分の視界に入るため、きれいに整っていると気分が上がります。ケアのしがいがあるパーツであり、ハンドケアに大切なのはこまめな保湿。ということでキーとなるハンドクリームですが、敏感肌用から、3種の植物オイルシリーズ、エイジングケアシリーズまでそろっているのが無印良品らしさ。みずみずしいつけ心地のものから、しっとり潤うものまで使用感の好みに合わせて選べます。季節限定の香りのものも人気がありますが、水仕事をして手が荒れてしまう人も多く、低刺激性の敏感肌用が特に喜ばれているとか。

ブナ材頭皮ケアブラシ

—

健やかな髪のために、頭皮の血行を促進

無印良品には現在、頭皮ケアブラシが3種類。ポリプロピレン頭皮ケアブラシとお風呂で使える充電式頭皮ケアブラシはシャンプー時に、頭皮を心地よく刺激しながら汚れを落とすもの。そして、シャンプー前のブラッシングや日々の頭皮ケアに使えるのが、ブナ材頭皮ケアブラシです。大きめサイズで弾力性のあるブラシが頭皮に刺激を与えます。ちなみに、道具を長く使ってほしいという想いから、ブラシを手入れするための、ブナ材お手入れブラシヘアブラシ用も販売中。硬いナイロン毛で隙間の汚れや髪の毛を簡単に取り除くことができます。

Beechwood scalp care brush
¥1,290

携帯用アイラッシュカーラー

—

まつ毛がバッチリ上がる！と話題

湿気の多い日や夕方には、カールさせたまつ毛がいつの間にか下がってしまう。そんな悩みを解決してくれるのが、携帯用アイラッシュカーラー。一般的なビューラーが立体的なのに比べて、ポーチに入るコンパクトなサイズを叶えるために、プラスチック製のスライド式となっています。金属アレルギーの人でも使える、この形状のほうがまつ毛が上がりやすい、一重まぶたの人にも使いやすいといった声も。バネなどを使った複雑な作りなので、実は作るのに日本の高度な技術が必要らしく、海外からの旅行者にも大人気。替えゴムが付いているのもうれしいかぎり。

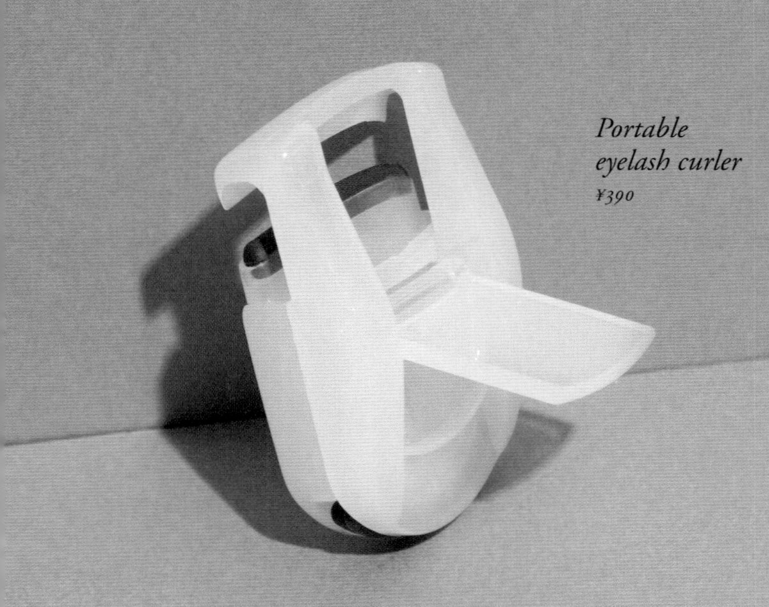

Portable eyelash curler
¥390

Cream eye shadow
¥790

クリームアイカラー

—

指でなじませるだけでニュアンスが出る

クリームタイプは指先で手軽に塗ることができるため、メイクアップに不慣れな人にも使いやすいアイテム。無印良品のクリームアイカラーは肌にぴたっと密着し、きれいに発色します。境界線をなじませることも簡単なので、自然な仕上がりに。塗るとサラサラのパウダーに変化するので、ヨレる心配もありません。目元だけでなく、頬に塗ってチークを兼ねて使っている人も。SNSなどで「使える色!」と注目を集めているオレンジブラウンをはじめ、顔映りのいいコッパーやボルドーなど、カラーラインナップも魅力的。

ネイルケアオイル & 甘皮ケアオイル

—

こまめな手入れで指先美人に

日々酷使されている手指ですが、近年は特にこまめな手洗いやアルコール消毒によっても乾燥しやすいパーツ。特に爪は乾燥ダメージによって、二枚爪やひび割れ、ささくれといったトラブルが起きがち。爪の健康を保つには、オイルでの手入れが必須です。ペン型タイプのこちらは、カチカチと回して液を出し、筆でさっと手軽に塗れるのが利点。ポーチ

Nail & cuticle care oil
¥890

にも入るサイズなので外出先でも使いやすく、無香料のためハンドクリームの香りとぶつかる心配もなし。カミツレ花エキスやホホバ種子油などの植物性オイル配合で肌なじみがよく、ベタつかないのですぐに手作業ができるのも◯。ネイルケアオイルはペン先が筆状。甘皮ケアオイルは、甘皮を押しながら塗れるように固めのチップになっています。

Anti-aging care toning water
300ml ¥2,290

エイジングケア化粧水

—

ハリや潤いを取り戻すために

それまでは2タイプあったエイジングケアシリーズを、2023年11月にリニューアルして統合。保湿力が高いゆえのとろみが「肌に入って行きにくい気がする」という声に応えて、肌なじみがよいテクスチャーに改良されました。高保湿よりもさらに保湿力が上がったので、「肌にすっと染み込むうえに、長時間にわたって潤う」ように。フローラルシトラスの香りも心地よいと大好評だとか。エイジングケアというと、とかく高価格になりがちですが、「惜しみなく日常的に使うことで効果を実感してほしい」という想いから、手頃な価格なのがなんともうれしい。詰め替え用もあります。

ローションシート

—

いつもの化粧水がシートパックになる

今、大流行のシートマスクがまだ少なかった時代から、ずっと販売し続けているアイテムです。毛羽立ちのないシートが肌にぴたっと密着するので、スペシャルな保湿ケアにおすすめ。コイン状に圧縮されていて、化粧水を注いで含ませると、シート状にほどけます。新たなシートマスクを買う必要はなく、いつも自分が愛用している化粧水を使って、オリジナルのシートマスクができるのです。ストックスペースを取らないし、旅にも携帯しやすく、消費期限を気にすることなく好きなときにいつでも使える、と自由度満点。部分用もあります。

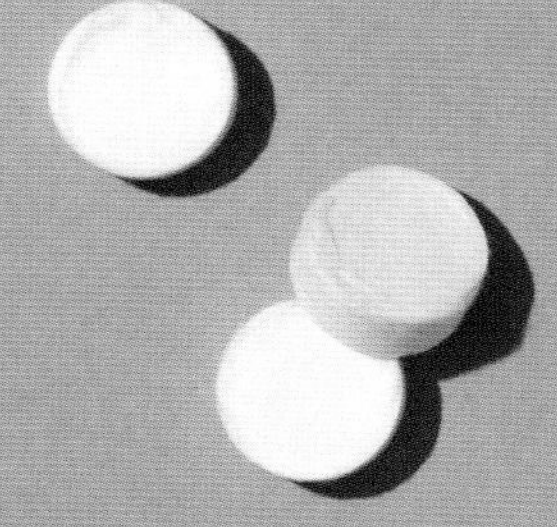

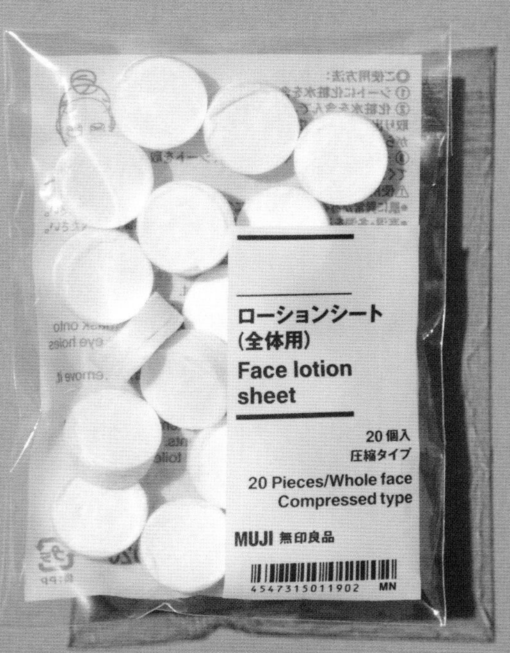

Face lotion sheet
¥350

日焼け止め各種

—

シーン別に選べる5種類をラインナップ

実は無印良品には、日焼け止めだけで5種類もあるのをご存じですか? ライフスタイルやシーンによって使い分けられるよう、種類がそろっているのです。日差しの強い夏やアウトドアシーン、リゾートシーンなどには、SPF50+ PA++++のジェルタイプが安心。みずみずしいテクスチャーでのびがよく、白浮きなし。ポンプタイプで手軽なので、顔だけでなくボディにも使えるうえ、家族みんなでも使える大容量(写真は携帯用サイズ)。冬季や雨の日、室内で過ごす日などは、紫外線吸収剤不使用のSPF30 PA++のミルクタイプが、肌への負担が少なくておすすめ。ほかに敏感肌用日焼け止めミルクもあります。またミストタイプは、メイクの上から重ねたり、足や背中など広範囲に塗ったりするときに使いやすく、外出先で手軽につけ直しするにはシートタイプが便利。どのタイプも石けんで洗い流せるのがうれしいところ。

Sunscreen wipes
¥290

Sunscreen milk
150ml ¥990

Sunscreen mist
50ml ¥790

Sunscreen gel
30ml ¥590

木を使うことで森林を守る

「森林を守る」というと、「木は切らない」「人が手を触れないほうがよい」と思われがち。けれど森林の種類によっては、人が適度に手を入れることが必要なものもあるのです。森林は大まかに天然林と人工林に区分できますが、日本の森林は4割が人が植林し、間伐や枝打ちなどの手入れを行う必要がある人工林です。というのも、国土の約67%を森林が占める日本では古来、人々の暮らしに木々は欠かせないものでした。建材や薪、炭、そして落ち葉も堆肥として利用するために、木を植え、森林を手入れしてきたのです。ところが、薪や炭の需要が減り、木材自給率が落ち込んでいる今、適正に管理されないまま放置された人工林が増加。そうした人工林は鬱蒼（うっそう）と暗くなり、植生が荒れていきます。木は健全に育たなくなり、大雨や台風の水分を吸収しきれず、土壌がゆるくなり、土砂災害が発生しやすくなります。

三重県紀北町、熊野古道の登り口にある尾鷲ヒノキの森林も、江戸時代から続く人工林。急峻な土地とやせた土壌という過酷な環境下で育ったヒノキは、年輪が緻密で油分が多く、強靭かつ耐久性に優れていることから、文化遺産の補修に用いられるほど重宝されています。そんな尾鷲ヒノキの森林を守り育てるための間伐材や、建材にならなかった未使用材を使って作られているのがエッセンシャルオイルです。木材をチップに砕いてから蒸留し、半日かけて木の芯に蓄えられた油分を抽出します。1tのヒノキがもたらすエッセンシャルオイルはわずか約10kg。1%に凝縮された木の香りが、森林を守り、育てていくのです。

part.3 ―― SNS発 口コミが気になる! ニューベーシック

SNSで話題が集中しているアレ、
製造が追いつかないと品切れが続くアレ、
あの人が使っていると噂のアレ、
知らなかったら損をすると言われるアレ、
メンズがみんな買っていくというアレ、
なぜか若者のポーチに高確率で入っているアレ……。
どうにも気になって仕方ない、
密かな人気アイテムをまとめてご紹介します。

メンズに人気なのはコレ!

02

薬用デオドラント ボディソープ(携帯用) 50ml ¥350

殺菌と肌荒れ防止のダブル有効成分を配合した薬用のデオドラントソープで、体臭・汗臭、ニキビを防ぎます。スーッとする使用感で、さっぱりとした洗いあがりが気持ちいい。真夏の汗臭さを解消したいあなたにも、臭いを気にしているお父さんにも、部活を頑張る学生にも、ジム通いのお供にも最適。医薬部外品。販売名:M薬用デオボディソープ。

01

敏感肌用化粧水 さっぱり

300ml ¥790

テカリ・ニキビ・カサつき・カミソリ負けなどに悩んでいる男性こそ、保湿すべし。でも「肌がベタつく気がして、何か塗るのが苦手」という声も。そんなスキンケア初心者にも人気なのが、低刺激性の敏感肌用シリーズのさっぱりタイプ。みずみずしい使用感で、脂性肌の方や汗をかきやすい時期にも◎。

03

薬用ホワイトニング 歯みがき粉 100g ¥490

「歯が白くなる！」「欠品続出！」と話題の歯みがき粉。ジェルタイプで泡立ちは少なめながら、炭酸水素ナトリウム配合で歯の表面を磨くことで、着色汚れの原因となる物質を取り除き、白く健康的な歯へ。携帯用の小さなサイズもあり。

04

アイブロー ペンシル&ブラシ ナチュラルブラウン ¥1,190

両端がペンシルとブラシになったアイブロー。カートリッジ式なので、別売りのチップ式のパウダーに付け替えることも可能。眉にチップでパウダーをのせ、足りない部分をペンシルで描くことが1本でできるようになる。万人になじみやすい色で、携帯しやすいペンシルタイプなのも◎。

化粧くずれを避けたいときに

01

化粧直しミスト 50ml ¥850

メイクの上から使える霧状の化粧水。外出先で、肌の乾燥やシワっぽさ、汗や皮脂によるメイクくずれが気になるときにはコレ。目を閉じて、顔から20cm以上離し、軽く円を描くように適量をスプレーした後、手でやさしくおさえるだけ。乾燥によるくすみを払い、ファンデーションもきれいに塗り直せるようになる。

02

メイクキープミスト 50ml ¥850

潤い成分が配合された細かい霧状のミストで、乾燥や摩擦による化粧のよれや褪色、マスクへの付着、皮脂や汗の分泌による化粧くずれを防いでくれる。使い方はメイクの仕上げに、顔から30cmほど離し、目や口を閉じて顔全体に適量をスプレーするだけ。その後は肌に触れずに乾かすのがポイント。無香料、アルコールフリー。

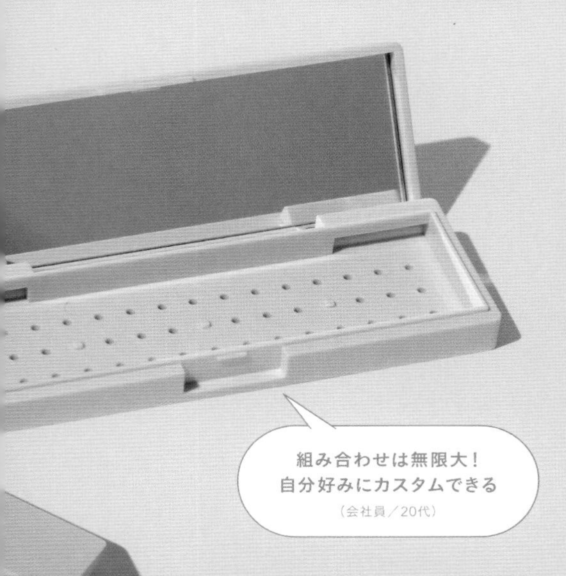

03

メイクパレット・SS ¥890

無印良品のチークやアイカラー（クリームタイプでもパウダータイプでもOK）を入れることができる専用ケース。その日のメイクに使った色をセットすれば、コンパクトに携帯できてポーチの中はすっきり。旅行にも重宝しそう。111×41×15mm。SやMサイズもあり。

組み合わせは無限大！
自分好みにカスタムできる
（会社員／20代）

04

クレンジング綿棒 10本入 ¥190

先端部分にクレンジング剤が含まれている綿棒。先の尖った綿球と、肌あたりのやさしい丸い綿球が1本になっている2WAY。アイラインを描き直したいとき、マスカラが目の周りについてしまったときなど、これがあればピンポイントで修正できる。個包装なので衛生的で、携帯にも便利。

かゆいところに手が届く！
部分的にメイクを直せる
便利グッズ
（主婦／20代）

個包装なので
持ち歩きにも便利
（大学生／20代）

U20が選ぶベストコスメは?

“超時短”のメイク直し
（大学生／18歳）

肌がサラサラになる
“神”おしろい！
（専門学校生／19歳）

01

紙おしろい ¥290

吸収力があり肌触りのよい麻入り和紙の片面に、自然な肌色のおしろいを塗布したもの。顔の脂浮き、テカリを抑えると同時に毛穴をカバーし、パウダーで仕上げたようなサラサラのきれいな肌になる。手軽に“超時短で”メイク直しができると話題に。自然なオークルカラーで白浮きの心配もなし。

保湿成分入りで
爪にも財布にも
やさしい
（中学生／15歳）

02

除光液 100ml ¥490

天然オレンジ油（マニュキュア除去成分）配合で、爪が白くなりにくいアセトンフリー。除光液特有のツーンとした匂いが少なく、オレンジの爽やかな香りがするところが人気の理由。落とした後も爪が乾きづらく、回すことなくパカッと開けられるふたも使い勝手よしと好評。

03

リップエッセンスピンク

¥890

「ちょっとつけるだけで唇がプルンプルンになる」「保湿力がすごい！」「塗って寝ると朝に唇の縦ジワが消えてる！」と人気爆発。唇の乾燥を防ぎ、うるおいとツヤを与える美容液で、とろんとしたテクスチャー。学校でも不自然にならない、ほのかに色づくピンク色も◎。口紅の上に重ねてグロスとして使うという声も。

全く乾燥しない！
ポーチにいつも常備
（専門学校生／18歳）

クオリティーの高さに
全色買いしたくなる！
（アルバイト／20歳）

単色でもグラデでも
使いやすさがすごい
（大学生／20歳）

04

アイカラー4色タイプ ¥890

「肌なじみがよく使いやすい」「かなり使える色がそろっていてお買い得」「きれいなグラデーションが作れる！」と評判のアイカラーパレット。植物性潤い成分配合で、マットに仕上がるけれど、しっとりとまぶたにフィットする点もポイント。コンパクトなサイズで持ち歩きやすく、シンプルなパッケージも好感度大。

エイジングケアが優秀すぎる

01

エイジングケア薬用美白化粧水

200ml ¥1,990

近年、ファンが急増しているエイジングケアシリーズ。ビタミンC誘導体を配合してメラニンの生成を抑え、トラネキサム酸配合で肌荒れを防いでくれる。11種の天然美肌成分と7種の機能成分配合で、少しとろみのあるテクスチャー。しっとり感が実感でき、化粧ノリがよくなったという声も多数。医薬部外品。販売名：M薬用美白化粧水AC

02

エイジングケア薬用美白美容液

50ml ¥2,290

「使う日と使わない日では、次の朝の潤いが違う」という声も多数。シミ・そばかすなど、気になる部分へのスポットケアとしての使用はもちろん、みずみずしいミルク状なので乳液代わりに使っている人も多いよう。美白有効成分配合。医薬部外品　販売名：M薬用美白美容液AC

04

エイジングケアデコルテミルク 200ml ¥2,490

首元やデコルテは皮膚が薄く、エイジングサインが出やすい部位。だからこそケアすることで、はつらつとした若々しい印象を手に入れることができる。顔のついでにケアするのもいいけれど、意外と珍しいデコルテ専用のコスメがあると、「ケアしよう」という意識が高くなるかも。ポンプ式でたっぷり使える大容量はうれしいかぎり。

無防備なデコルテにも
必要な潤いを与えて美しく
（自営業／40代）

ハリが出る！
（専業主婦／40代）

ナイアシンアミド配合で
気になるシワを改善！
（会社員／20代）

03

エイジングケア 薬用リンクルケア美容液 30g ¥1,490

「無印良品の本気を感じる！」と話題の美容液。ジェル状なので、ほうれい線や目尻のシワなどの細かなところにも、ピンポイントで塗ることができる。しっとりするけれどベタつかないので、夏はコレでさっぱりと、冬はクリームマスクでこっくりと、と使い分けるのもおすすめ。
医薬部外品　販売名：M薬用リンクル美容液

隠れた名品も要チェック！

01

舌用クリーナー　¥590

舌の表面に付着している白い苔状の舌苔がたまると、口臭の原因になることも。とはいえ、歯ブラシを使うと舌を傷つけてしまう恐れが。そこで便利なのが舌苔を落とす専用のクリーナー。舌にあたる部分はエラストマーという柔らかい素材でできていて、効率よく除去できるサイズ。水でさっと洗うだけで清潔にキープできるのもいいところ。

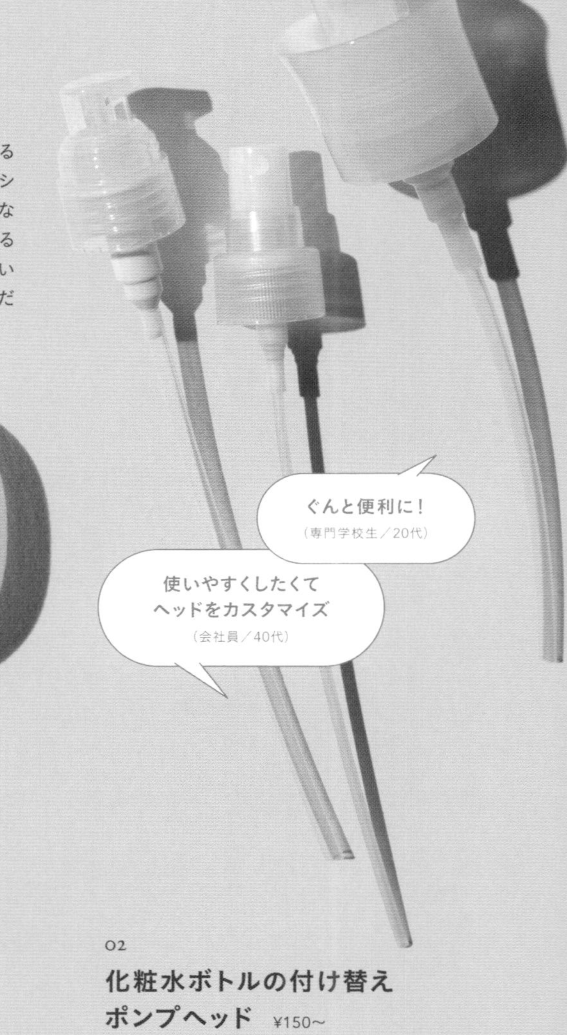

口臭予防も
専用道具でセルフケア
（自営業／50代）

02

化粧水ボトルの付け替えポンプヘッド　¥150〜

化粧水のボトルも簡素なつくりだけれど、実はヘッド部分を別売りで付け替えることができる。トリガータイプのスプレーヘッドや、コットンを押し当てて染み込ませるポンプヘッドコットン専用、押すだけで出てくるポンプヘッドなど、化粧水のテクスチャーや使用法に合わせてチョイスして。

03
木軸ペンシル用削り器　¥299

リップライナーやアイブロウ、アイライナーなど、木軸のコスメの先を削るための道具。小さくて見失いやすく、使いたいときに探した経験がある人も多いのでは？ こちらはなんとペンシル本体にセットしてキャップになる仕様という、無印良品らしいアイデア商品。持ち歩く際にも役立つこと間違いなし。

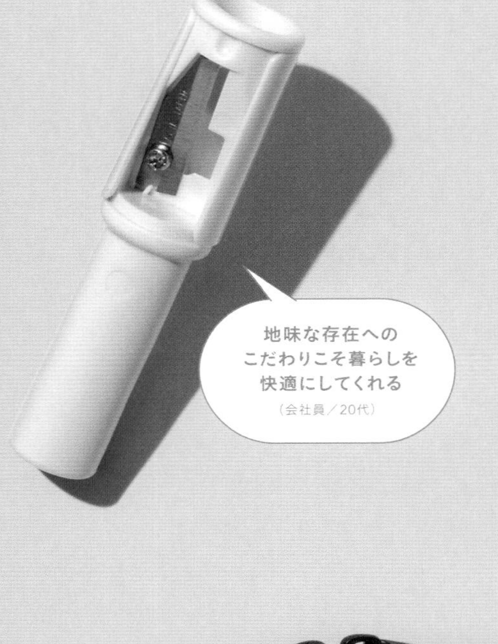

04
ナイロンメイクポーチ　¥1,290

外側の3つのポケットにはハンカチやハンドクリームなど、すぐに取り出したいものを。内側には大小8個ものポケットがあり、メイクブラシやマスカラ、ペンシルなども立てて収納できる。マチが広く自立型なうえ、ジッパーがコの字形についていて大きく開くので、使い勝手抜群。くすみカラーのライトグリーンやピンクベージュも人気。

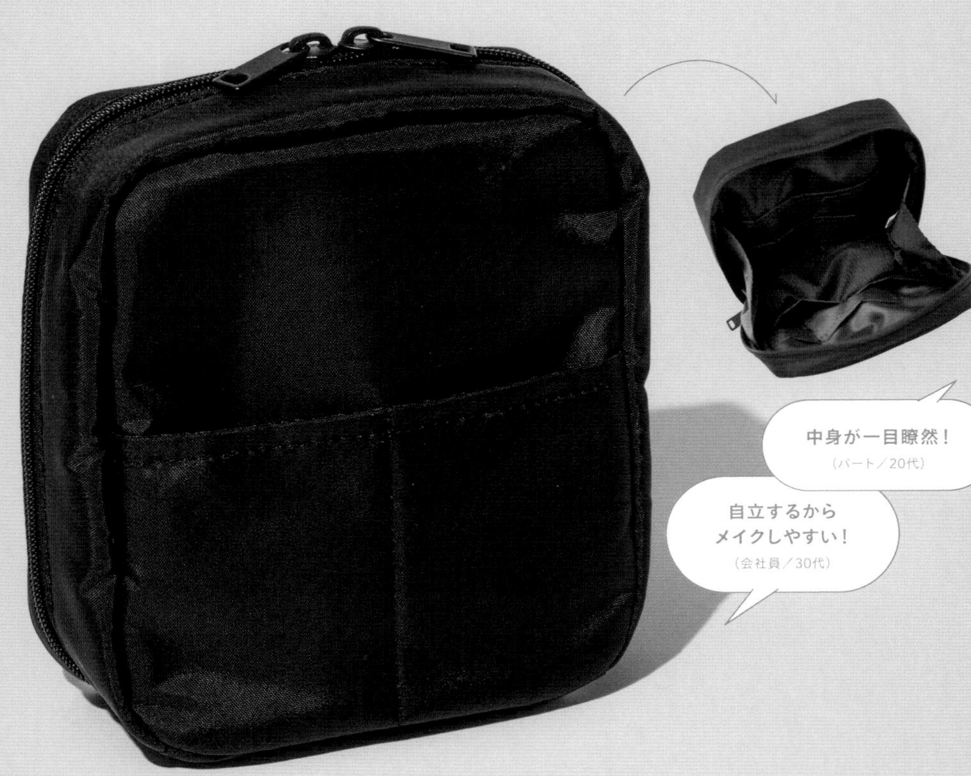

生成は、意志のある無漂白

無印良品というと“生成”をイメージする人も多いのではないでしょうか。生成とは、糸や布を染色していない無漂白のこと。色の名前ではありません。天然の色そのものなので、原料の油分や植物の破片などが残っていることもあります。また、産地や収穫時期などによって微妙に色合いが異なり、光や洗濯によって白く褪色していきます。ときには素材独特の匂いが残っていることもありますが、やがて洗濯によって薄れていきます。
でも、なにより、素材本来の色合いが楽しめること、漂白や染色工程がないので環境に負荷をかけないこと、というメリットがあるのです。

1980年の誕生以来、常に「工程に無駄はないか」というチェックを繰り返してきた無印良品にとって、無漂白は当然の選択でした。
でも、漂白された白が常識だったカットコットンを生成で販売することは、当時は画期的だったのです。衛生面も使い勝手も問題なく、実質本位のカットコットン。漂白しないからこそのふわふわの質感や風合いは、今では多くのファンを獲得しています。

part.4 ――

自分を整えるセルフケアのススメ

スキンケアの正しいやり方を知っていますか？
今の気分に合うメイクアップを知っていますか？
どんな高価なコスメを使っていても、
使い方を知らないと効果は不十分。
「きれいになりたい」と思ったときが
自己流でなんとなく続けてきた
スキンケアやメイクアップを見直すチャンスです。
ビューティディレクターが勧めるセルフケアを
ここでしっかりマスターしましょう。

自分のキレイを
コントロールしよう

世の中にきれいになるための情報は溢れていますが、「自分に合うコスメがわからない」「何を使っても特に変わらない」「高価な化粧品を使っているけれど、満足していない」といった悩みは尽きることがありません。
都内百貨店や海外支店のコスメフロアで多くの人を接客し、あらゆる美容の悩みを聞いてきたビューティディレクターのANNAさんは、「本当にキレイになりたいなら、ベーシックなケア方法を知ることが大切です」と言います。
正しいケア方法を学び、自分の状態に合わせて調整できるようになって初めて、コスメを使いこなすことができるのです。言い換えれば、どんな高価なコスメを使っても、使い方を知らなければ効果は半減してしまうということ。
「10年後の自分がどうありたいか」を考えてみましょう。
今日より明日、明日より10年後の自分が輝いているように。今の自分をアップデートするために必要なのは、日々の積み重ねです。肌や表情には生き方が現れるもの。正しいケア方法を習慣化し、自分の土壌を整え、丁寧に育んでいくことで、自分の“キレイ”はコントロールできるのです。もちろんメイクアップやヘアスタイルを整えることは、それを支えるひとつの手段であり、楽しみです。
年を重ねることによって美しさが失われていくと悲観的になるよりも、今よりも心地よい自分になっていることを想像してみてください。これまで自分に手をかけることをサボってきた人も、今から始めれば10年後には成果が現れているはず。そう考えたら、なんだかワクワクしてきませんか?

ANNA ｜ アンナさん

*profile_* 新卒で都内百貨店に入社。ナチュラルコスメフロアのコンシェルジュを経て、200ブランド以上のコスメの買い付けや販促、コンサルティング、企画などに幅広く携わる。その後、中国の百貨店で化粧品副担当長に就任し、コスメフロアのリブランディングなどにも参画。現在はビューティディレクターとして「内外から美しく健康にサポートすること」を目標にビューティ&ライフスタイルを提案。

HAIR CARE

スキンケアはヘアケアから

人の印象を大きく左右するのは、実は肌よりも髪。
顔の印象が若々しい人でも髪がおざなりだと、
見た目年齢が驚くほど老けてしまうのです。
ヘアケアの要は洗髪ですが、多くの人が間違った洗い方をしています。
頭皮は体の中でも皮脂分泌が多く、毛穴の数が多いところ。
正しく洗わないと、髪の成長に問題が出るだけでなく、
髪のベタつきや臭いの原因にもなってしまいます。
うねりや薄毛といった悩みを抱えた頭皮に健やかさを取り戻すために、
肌以上に髪のケアを心がけてみてください。

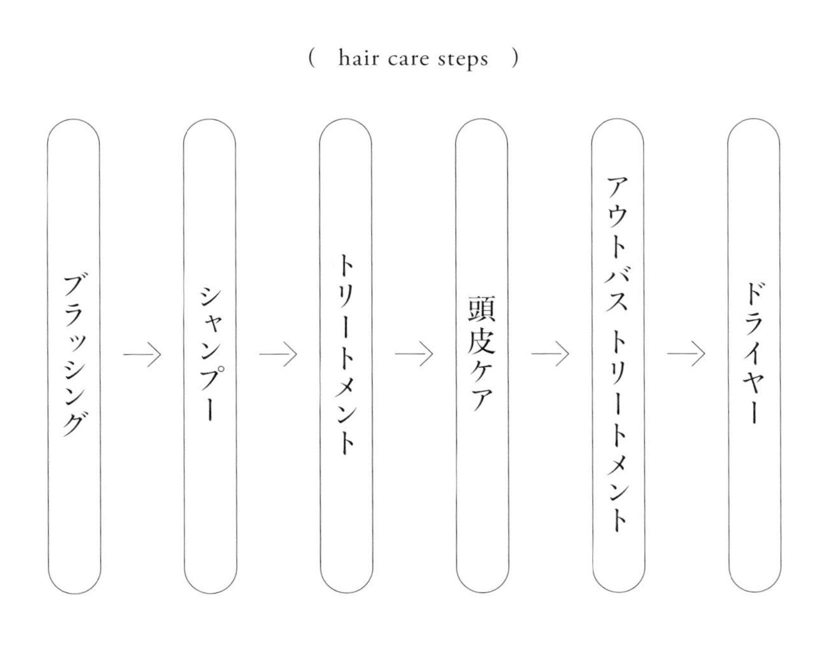
(hair care steps)
ブラッシング
→
シャンプー
→
トリートメント
→
頭皮ケア
→
アウトバス トリートメント
→
ドライヤー

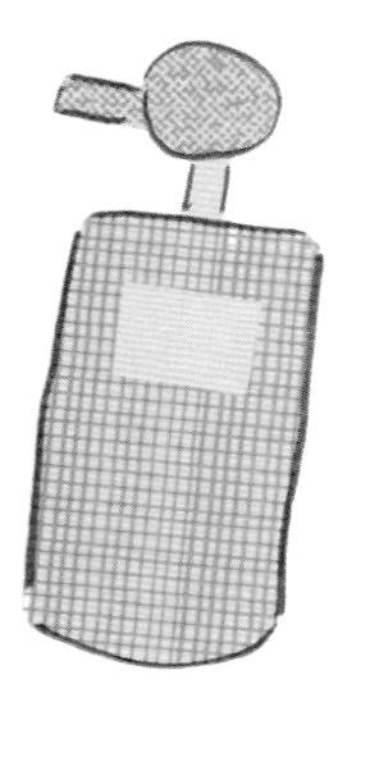
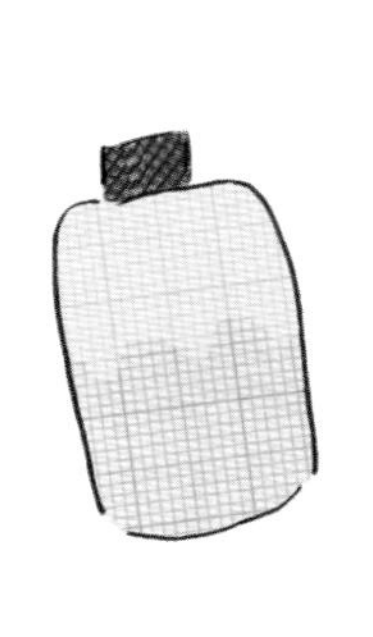
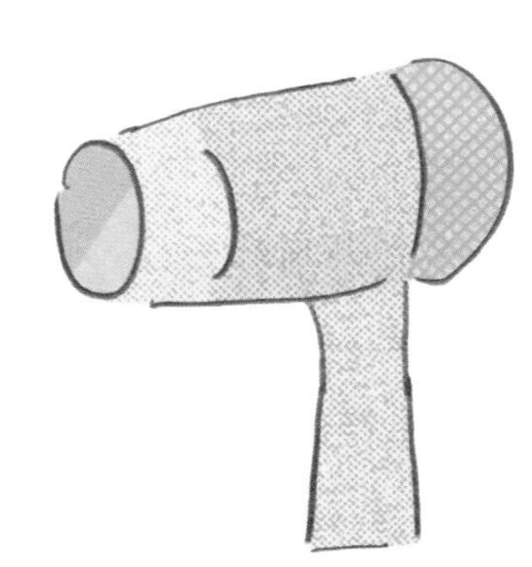
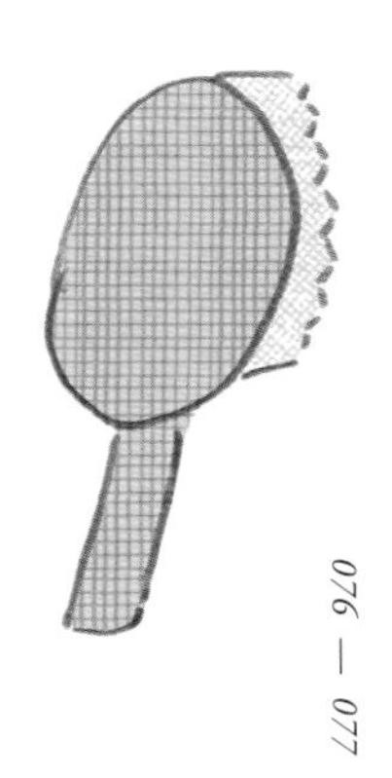

brushing

まずは必ずブラッシングを

本来抜けるべき毛を取り去り、代謝を促すとともに、
頭皮を心地よく刺激します。
またブラッシングするだけで、髪のもつれがなくなり、
ゴミやホコリなどの汚れが落ち、
シャンプーの泡立ちがぐんとアップします。

01

02

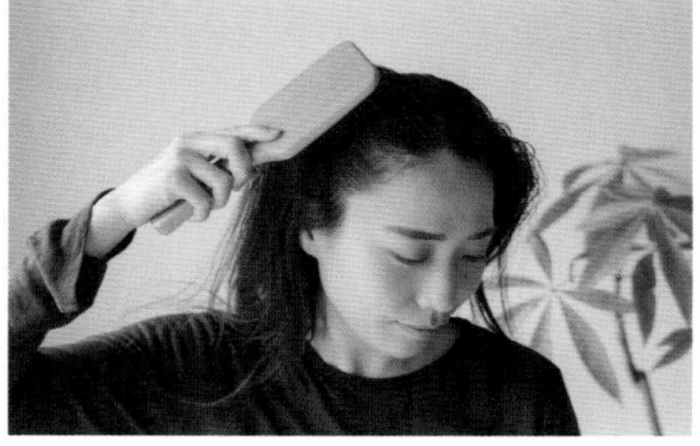

03

*how to_*

01_ まずは前髪をかき上げるように、前から後ろへ。
02_ 次に両サイドから頭頂部に向かって。目尻のシワ防止や、リフトアップにも効果的。
03_ 下を向き、うなじから頭頂部に向かって。この姿勢をとることで血行がよくなり、肩こり解消にも◎。

*items used_* ブナ材頭皮ケアブラシ ¥1,290

shampoo

正しい洗髪方法

大切なのは髪をしっかりと濡らしてからシャンプーをつけること。また、頭皮は爪ではなく指の腹や、お風呂で使えるタイプの頭皮ケアブラシを使って洗いましょう。シャンプーを十分に洗い流すことも重要です。

02

*how to_*

01_ 38℃くらいのぬるま湯で髪を濡らす。頭皮まで届くように、指の腹でマッサージしながら、じっくりぬるま湯をかけること。温度が熱すぎると皮脂を落としすぎてしまうので要注意。

02_ シャンプーを直接頭皮につけると洗浄力が強すぎるため、頭皮が乾燥する原因に。まずは手にシャンプーを取って水を数滴加えて泡立ててから、頭頂部と両サイド、後頭部にのせ、指の腹で頭皮を洗う。頭皮ブラシを使って洗うと、泡立ちがよく、頭皮の毛穴の中までしっかりと洗える。ブラシを使う場合は、前から後ろに向かって、耳から頭頂部に向かって、後頭部から頭頂部に向かって、とジグザグに動かすように洗うとよい。

03_ ぬるま湯でしっかりとすすぐ。トリートメントは頭皮ではなく髪につけ、なじませてからぬるま湯で洗い流す。

04_ 髪の毛をタオルドライし、表面の水分をしっかり取る。髪の根元に水分がたまりやすいので、頭皮をタオルでマッサージするように拭き取る。髪全体はタオルで挟み込み、パタパタと叩くように水分を拭き取る。

*items used_* お風呂で使える充電式頭皮ケアブラシ ¥5,990　※シャンプーはお悩みに応じてセレクトしてください。

scalp care

頭皮ケア

ヘアケアというと髪に注力しがちですが、実は頭皮環境を
整えることで、ツヤのある元気な髪が生えてくるようになるのです。
スカルプローションは揉み込むことで、血行を促進し、育毛につながる効果も。

*how to_* 前から頭頂部に向かって6本の線を引くようにスカルプローションをスプレーし、
指の腹でしっかりと揉み込む。 後頭部の髪をかき上げ、横に3本の線を引くようにスプレーし、同様に揉み込む。

*items used_* スカルプケアローション 150ml ¥1,290

out-bath treatment

アウトバス トリートメント

カラーリングや乾燥によるダメージには、ヘアセラムで潤いを与えましょう。
パサつきがちな髪の毛がしっとりまとまって、扱いやすくなります。
ドライヤーの熱から守るためにも効果的。

*how to_* ヘアセラムを手のひらに適量を取り、両手のひらを合わせて温めてから、サイドの髪から毛先に向かって
塗布する。 両手を使い、揉み込むようになじませるとよい。

*items used_* ヘアセラム 45ml ¥1,290

scalp care

out-bath treatment

*how to_*

01_ お辞儀をするように下を向き、後頭部にドライヤーを当てる。根元を乾かすように意識して。

02_ 全体的に根元が乾いたら顔を起こし、顔周りの髪の内側に風を入れるようにドライヤーを当てる。

03_ 8割乾いたら、冷風に変えて全体をクールダウンさせる。開いていたキューティクルが閉じて、ツヤを出す効果が。

01

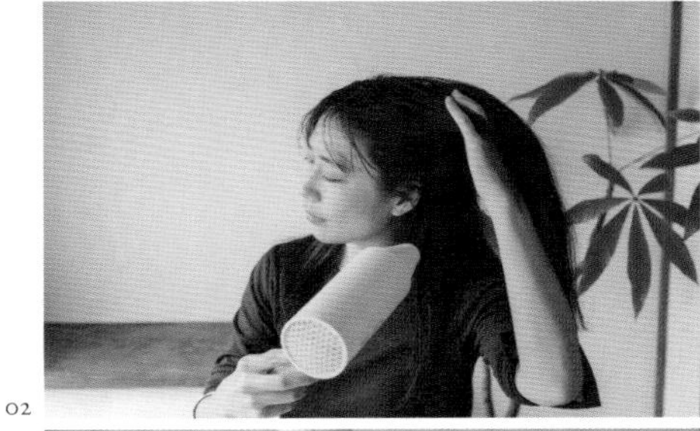

02

03

dryer

髪がぺたんこにならない乾かし方

湿った状態の頭皮は、雑菌が増える原因になることも。
頭皮をきちんと乾かすことで髪の根元がふわっと立ち上がり、
ぺたんとしやすい頭頂部もボリュームアップします。
ドライヤーをかける時間を短縮するため、
タオルドライはしっかりと。

skin care routine

自分史上最高の肌をつくるスキンケアルーティン

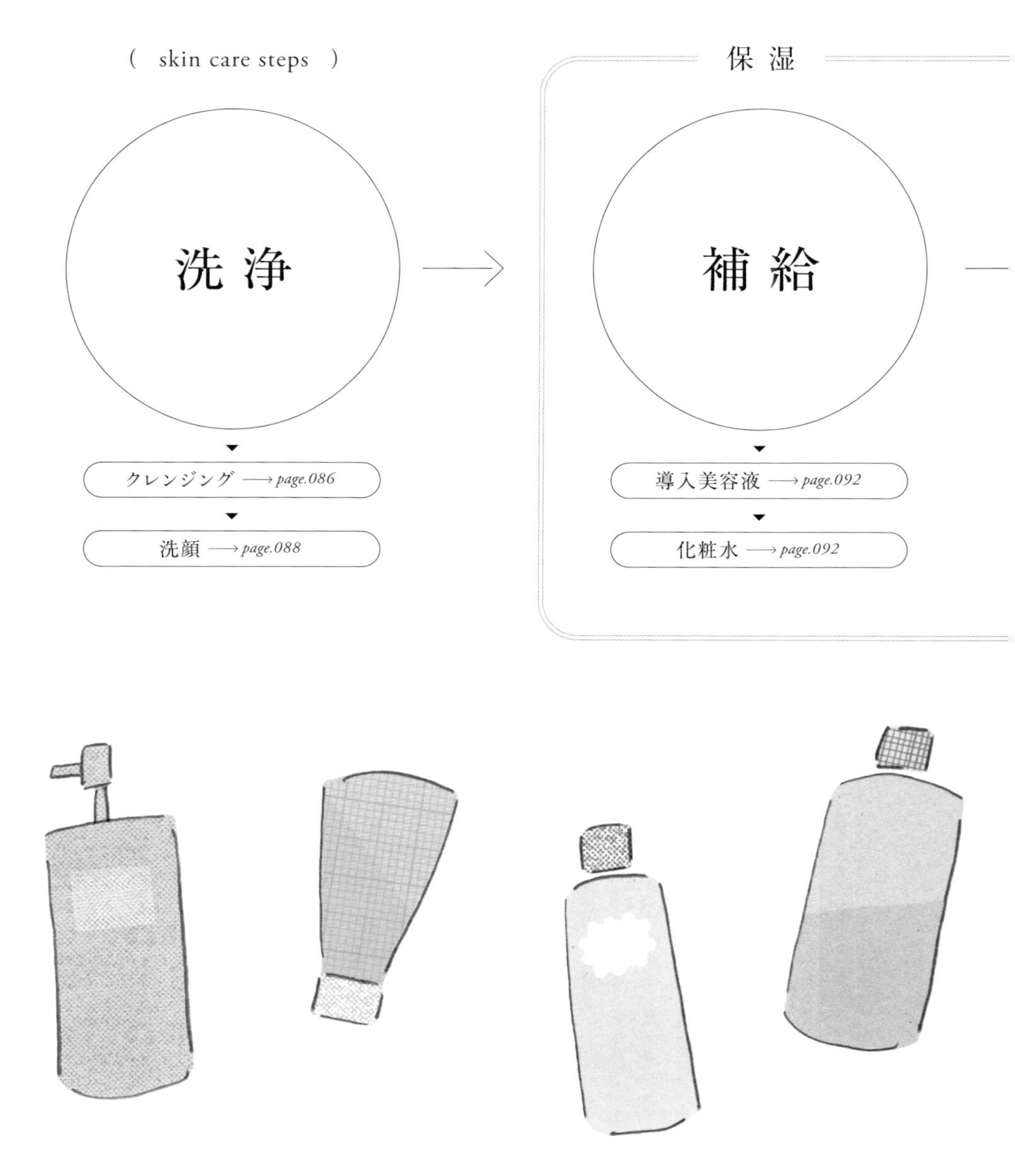

毎日のスキンケアの基本的なステップは、洗浄(メイクを落とすクレンジングまたは洗顔)、
補給(水分などを補う)、保護(水分が蒸発しないように油分でふたをして守る)。
それに加えて、季節や肌の状態、なりたい肌のイメージに合わせて、
美容液でポイントケア、スペシャルケア、メイクアップをプラスします。
顔だけでなく、首やデコルテ、手足などのボディケアもお忘れなく。

CLEANSING

洗顔で肌の印象は変わる！

クレンジングを見直すと、肌の印象は確実に変わります。
表皮の角質層の厚さは食用品ラップ1枚分(0.02mm)と言われています。
クレンジングに時間をかけすぎると、肌の必要な皮脂まで落とし、
肌に負担がかかってしまうのです。
また、ゴシゴシ洗うことが肌トラブルの原因になることも。
正しくは、肌と同じくらいの温度のぬるま湯で、
卵を取り扱うようにやさしく、手早くメイクをオフすることが重要です。

make-up remover

クレンジング（メイク落とし）

メイクはその日のうちに、必ずクレンジングで落としましょう。
クレンジングの形状は、メイクの濃さに合わせて選びます。
濡れた手で使えるものもありますが、乾いた手のほうが
メイクが落ちやすいので、入浴前に洗面所で落とすのがおすすめ。

*how to_*

01_ 乾いた手にクレンジング剤を取り（一般的には500円玉大の量）、皮脂の多いTゾーンから小鼻→頬の中心から外側、口の周り、目の周りの順に、顔全体になじませる。指先ではなく指全体を使って圧を分散させると、肌への負担が軽くなる。

02_ 肌の温度と同じくらいのぬるま湯で顔を濡らし、乳化させることでメイクや皮脂汚れが浮いてくる。肌に湯を当てるような感覚で、たっぷりのぬるま湯ですすぐ。生え際や顎下、フェイスラインもすすぎ残しがないよう、丁寧に。ゴシゴシ洗うのは厳禁。シャワーで洗い流すのも、水圧が強すぎるのでNG。

03_ 洗い上がり後は清潔なタオルもしくはティッシュを押し当て、水分をやさしく拭き取る。決してこすらないこと。

*items used_* クレンジングは右図を参照してセレクトしてください。

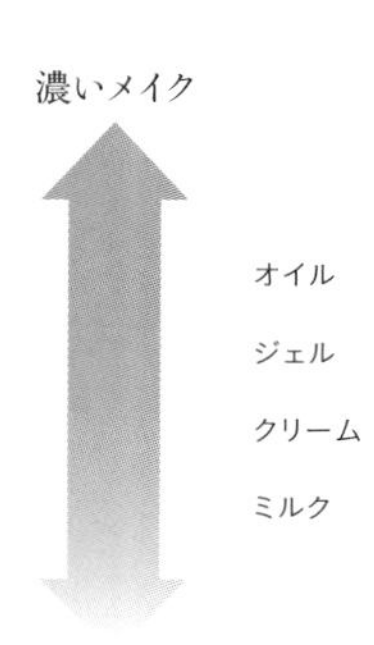

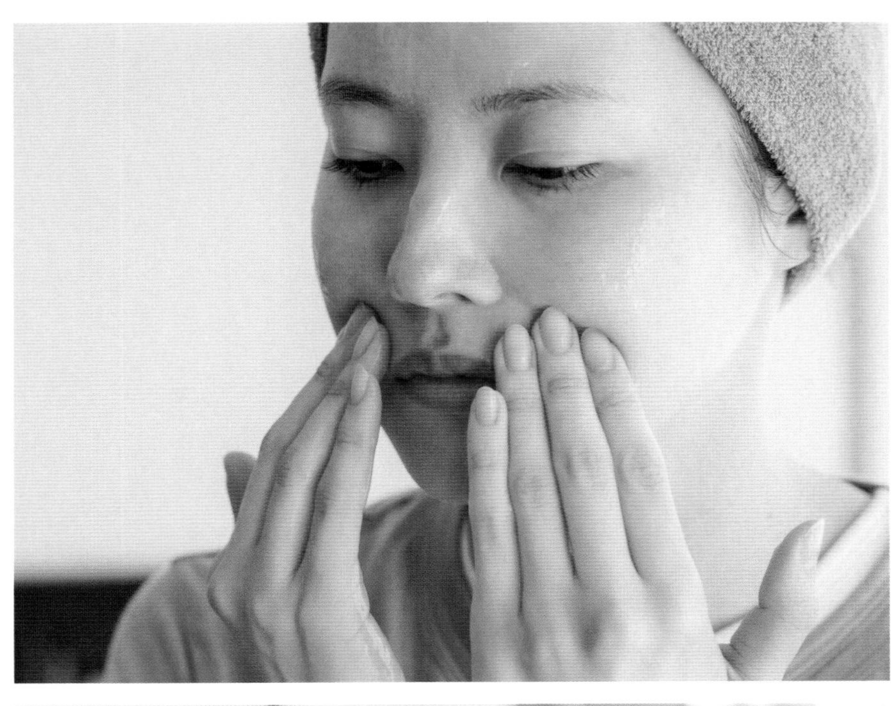

face-washing

洗顔

洗顔には、日中についたホコリや排気ガス、皮脂汚れなどを落とし、
その後の化粧水や美容液を入りやすくさせる役割があります。
汚染物質が皮脂に付着したままにしておくと、
酸化してくすみや黒ずみの原因に。使用したクレンジングに
「ダブル洗顔不要」と書いてあれば、洗顔は省いてもOKですが、
メイクをしなかった日は洗顔料で日中の汚れを落としましょう。
朝はぬるま湯ですすぐだけという方も多いかもしれませんが、
睡眠中の皮脂分泌や、夜のスキンケアの油分が顔に残っているため、
洗顔料できちんと洗う必要があります。
洗顔料はしっかりと泡立て、手で顔をこすらず、泡で洗うこと。

*how to_*

01_ 洗顔料を手に取り、少量の水を加えながら泡立てる。泡立てネットを使うと簡単。泡をのせた手を逆さにしても落ちないくらい、もっちりとした固めの泡になったら、肌にのせて泡を転がすように顔全体に広げる。皮脂の多いTゾーンから小鼻→頬の中心から外側、口の周り、目の周りの順に。ニキビがある場合は、上に泡を押し当てるようにしっかり泡をのせる。

02_ ぬるま湯で手早く、生え際まですすぎ残しがないように洗い流す。目安は10〜20秒くらい。洗い上がり後は清潔なタオルもしくはティッシュを押し当て、水分をやさしく拭き取る。決してこすらないこと。

*items used_* 洗顔料は肌質や目的に応じてセレクト／洗顔用泡立てネット ¥99

MOISTURIZING

保湿（補給+保護）の基本（化粧水・乳液・フェイスクリーム）

洗顔後、何もつけないでいると潤いが蒸発して乾燥を招く原因に。
保湿のポイントはハンドプレス。潤いを肌の奥深くまで入れ込むようにケアすることで、
内側から潤うようなうるツヤ肌が叶います。

01

たっぷり使う

パッケージに書かれているよりも1.2〜1.5倍多く使うのがおすすめ。
ケチっていると効果は半減！手にもいくらか浸透するので、
使用量よりも少し多めに手に取るとよい。

02

温めて使う

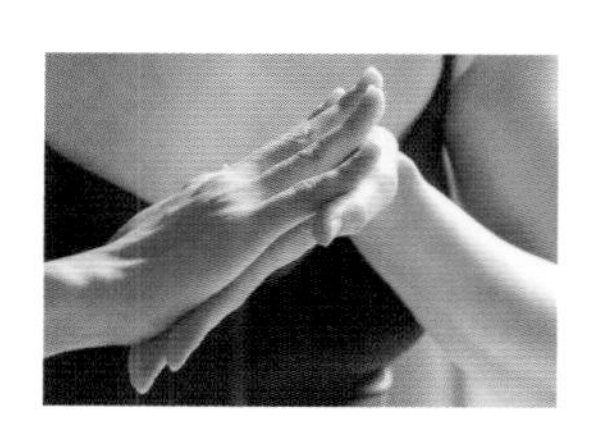

手で温めてから使うと、肌の温度となじみやすくなり、
化粧品の美容成分が角質層まで浸透しやすくなる。
片方の手のひらに取ったら、もう片方の手を合わせて
水平に180度回転させ、手のひら全体に行き渡らせつつ、温める。

03

やさしく押し当てる

広い部分の頬から皮脂の多いTゾーン、
小鼻や目の周りなどの細かい部分の順につけていく。
手のひらを数秒ずつ押し当て、ハンドプレスして潤いを入れ込む。

これはNG！

肌を引き下げると、顔のたるみの原因に。引っ張ることは肌への負担に。ゴシゴシこすって肌へ摩擦を与えると、バリア機能を低下させ、シワの原因に。肌をたたくと、刺激で肌を傷つけ、赤みの原因に。

HAND PRESS TECHNIQUE

潤いを奥深くに届けるように、入れ込むようなイメージで、
頬やおでこ、あごに指全体を押し当てる。

細かい部分は、指の腹をやさしく当てるように。
目元が乾燥している場合は、重ねづけしても。

rehydration

補給

しっとりと柔らかな肌を実現するために、化粧水などで水分を補います。
化粧水は、美白やニキビ予防、美容成分が入っているもの、
拭き取りタイプなどさまざまな種類があります。
自分の肌の状態や目的に合わせて選びましょう。

Booster

導入美容液

肌が固くごわついていると、化粧水が角質層まで浸透しにくくなります。そこで洗顔後、化粧水や美容液をつける前に、導入美容液や導入化粧液をブースターとして使いましょう。肌が柔らかくなって化粧水の角質層への浸透力が格段にアップ。その後のスキンケアの効果が変わります。

Booster

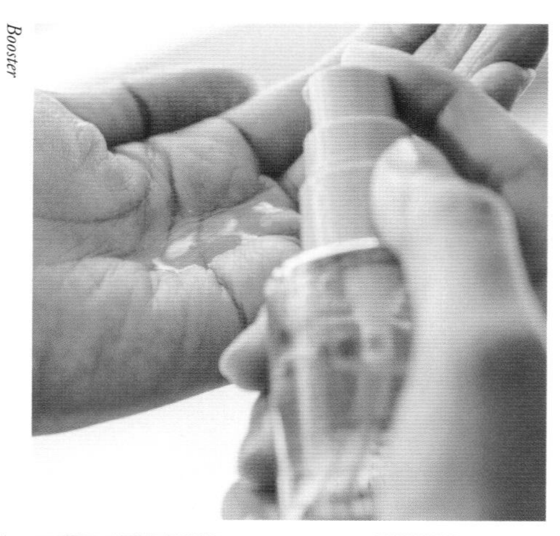

Lotion

Lotion

化粧水

化粧水を手に取り、両手でなじませます（p.90を参照）。耕した土壌に水をあげるように、肌に潤いを入れ込むように、頬にツヤが出てくるまで、ゆっくりと全体になじませていきます。足りない部分は重ねづけしても。

protection

保護

水分が蒸発しないように油分でふたをします。
乳液とクリームは油分量の違いによるもの。肌の状態や季節、朝晩で使い分けるのも手。
さらなる保湿や美白、肌悩みへ対応するためには美容液をプラスしても。
悩みや目的が複数ある場合は、2種類の美容液を使用しても問題なし。

Milk & Cream
乳液／フェイスクリーム

油分が多いものは、肌になじませるために手のひらで温めて使うことがより重要。Tゾーンにはやや薄めに、乾燥しやすい目元や口元はやさしくトントンと指先で重ねづけして。手に余った分は、首やデコルテになじませるとシワ防止に。

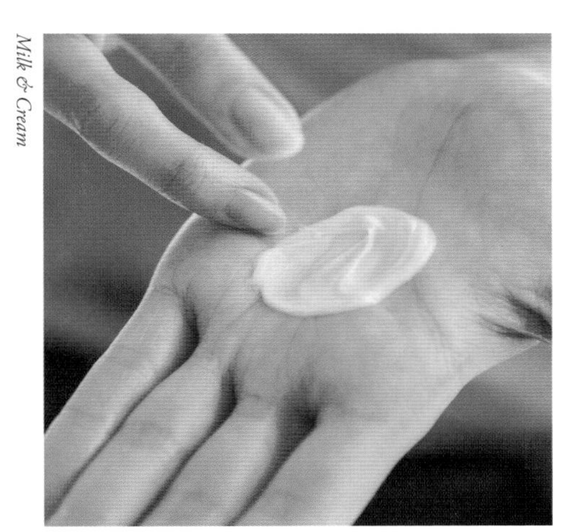

Milk & Cream

Serum
美容液

美容液は、オイルタイプやジェル状など形状はさまざまですが、水分が多く柔らかいテクスチャーのものを先に、油分が多くテクスチャーが固いものを後につけるとよいので、使うものによって、乳液やフェイスクリームとの順番を決めてください。

美容液は、気になる部分に重点的に入れ込むように意識して塗布します。目尻のシワやほうれい線などは、シワをのばすように指で広げて塗り込みます。目元は皮膚が薄いので、薬指を内側から外側へやさしく沿わせるように塗りましょう。

Serum

SPECIAL CARE

週末のスペシャルケア（シートマスク）

シートマスクは密閉効果があるので、
潤いが角質層まで届きやすくなります。
スペシャルケアとして週末の夜に使うことが多いかもしれませんが、
毎日の朝のケアにシートマスクを利用すると、
肌がトーンアップして見えるうえに、メイクのノリもよくなります。
美容成分が高濃縮で配合されているタイプもありますが、
コットンやローションシートをいつもの化粧水に浸して使うだけでも効果的。
ブースターで浸透力の準備を整えたうえでシートマスクをつけると、
より潤いの効果が高まります。

これはNG！

- お風呂の中での長時間の使用 → 汗をかいて保湿・美容成分が流れてしまう
- 目安時間以上の使用 → シートが乾燥してしまうので逆効果
- シートマスク後に何もスキンケアしないこと → 特に化粧水に浸したコットンやローションシートの場合は、乳液やフェイスクリームでふたをするのをお忘れなく

*items used_* ローションシート（全体用）¥350

BODY CARE

ボディケア

顔の皮膚が0.6〜1.5mm程度なのに比べて、体は2mm前後。
それぞれの部位によっても厚さは変わるため、
当然、お手入れの仕方も異なります。

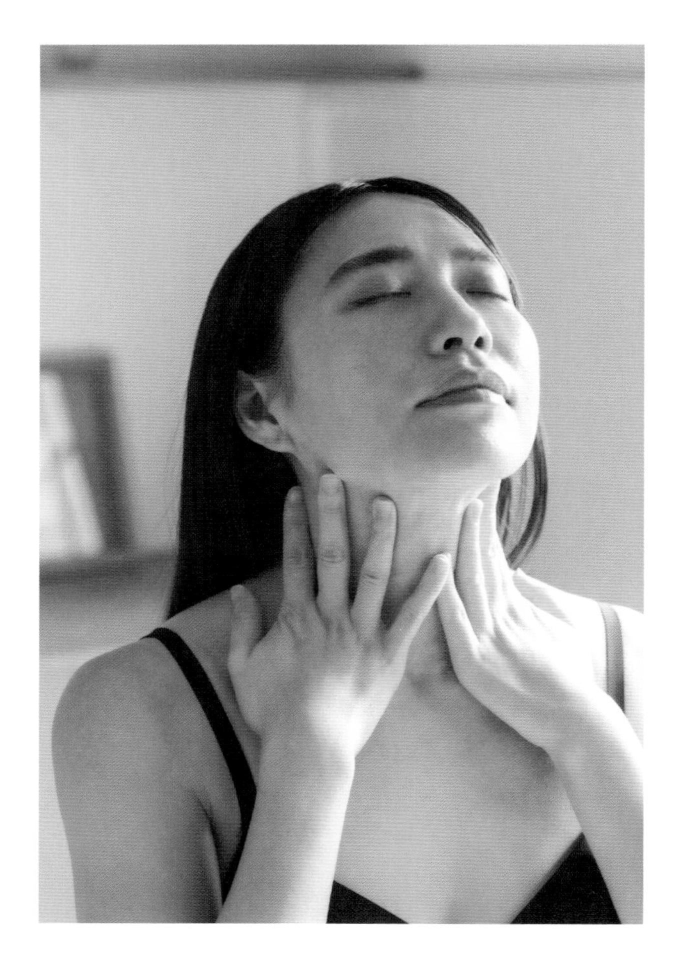

Decollete

デコルテ

首やデコルテは、顔のスキンケアの延長でケアをすれば、怠る心配もありません。スマートフォンを長時間見ていたり、パソコン仕事をしたりと下を向いてばかりいると、首にシワができることも。普段の姿勢を意識しつつ、保湿ケアをしましょう。顔と同じものでもよいし、ポンプ式で使いやすいエイジングケアデコルテミルクなどを利用するのも手。エイジングケアトリートメントオイルの場合は、入浴後の濡れた肌になじませると、角質層までの浸透力がアップします。どれを使う場合も塗り方は同じ。手のひらに取り、首と頭をつなぐ胸鎖乳突筋に沿って鎖骨へ流すように、ゆっくりと手のひらを動かします。週末は、お手持ちのスクラブで余分な角質を落としてから保湿すれば、トーンアップも叶います。

*items used_* エイジングケアデコルテミルク200ml ¥2,490

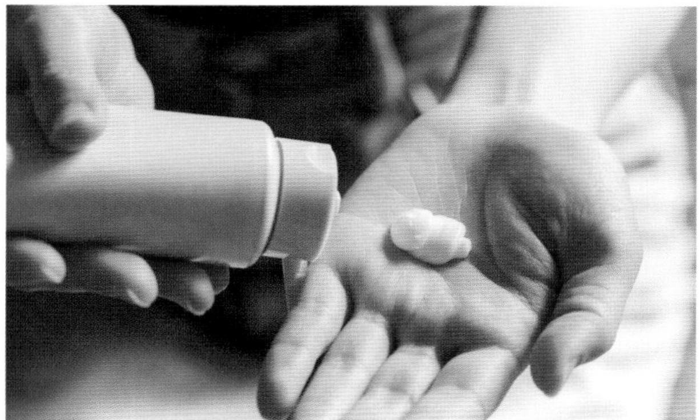

body cream

お風呂あがりにボディクリームを

お風呂あがりは、みずみずしく見えて実は脱水状態。温かいお湯は皮脂も一緒に落とすうえ、
ふたをしていない肌は、水分が蒸発し放題という無防備な状態です。
ただし肌が柔らかくなっていて、保湿剤がなじみやすいので、保湿ケアの絶好のタイミング。
1パーツあたり、100円～500円玉くらいのボディクリームを手に取り、両手で温めてから塗布します(p.90参照)。

*items used_* 3種の植物オイル ボディクリーム150g ¥1,290

Arm & elbow

腕・ひじ

二の腕から手の先に向けて、こすらず少しだけ圧をかけて潤いを入れ込むように、塗布する。皮脂腺が少ないひじは、シワが多くなるため重ねづけして。

Foot, knee & heel

足・ひざ・かかと

つま先から太ももにかけて、リンパを流すように少しだけ圧をかけて、潤いを入れ込むように塗布する。皮脂腺が少ないひざやかかとは、乾燥しやすいため重ねづけして。

skin trouble

ボディの肌トラブルには

皮脂腺の数は体の部位によって異なります。特に胸や背中、
ひじやひざの内側は皮脂が多く分泌されるため、ニキビやあせもなどができやすくなります。
逆に皮脂腺がない足裏は乾燥してカサつきやすくなっています。
それぞれに適したケアの方法を覚えておきましょう。

Back acne
背中ニキビ

ニキビをつぶさないよう、もっちりとした泡を転がすように洗うのがポイント。敏感肌用うるおいボディソープ 泡タイプや油分が少ないジェルタイプ、肌荒れ防止成分が入っているものなどを使いましょう。清潔なタオルでそっと水分を拭き取ってから、薬用美白ボディジェルや薬用保湿ボディクリームなど、肌荒れしづらいもので保湿を。

Rough heel

ガサガサかかと

ブラシなどで汚れを落とし、お手持ちのスクラブなどで余分な角質を除いてから、尿素や油分が多めのボディクリームを塗ってしっかり保湿を。ボディクリームにホホバオイルを混ぜて使用すると、塗りやすくなり、保湿効果も高まります。その後、靴下を履いて寝れば、さらに効果UP。

*items used_* ポリプロピレンシャワーブラシ白 ¥990／ホホバオイル200ml ¥2,490／3種の植物オイル ボディクリーム150g ¥1,290

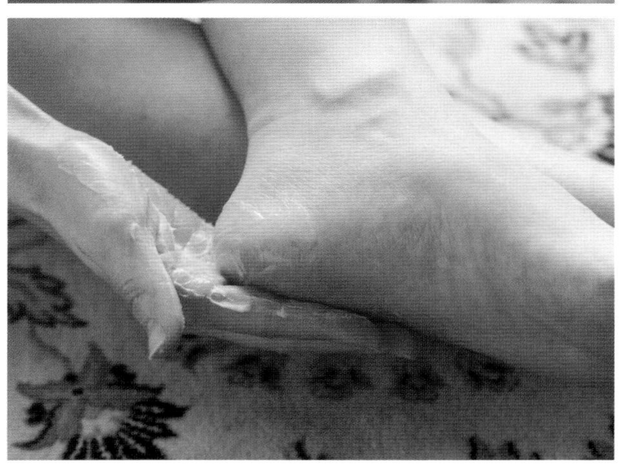

MAKE - UP

メイクアップを楽しむ

minimal make-up

デイリーに使えるミニマルメイク

ミニマルメイクとは、最小限のメイク。 肌と眉、リップを整えるだけ。
でも実は、それだけで十分に“きちんと感”が出るのです。
「まるでメイクをしていないよう」に見えるから、
「メイクなんて恥ずかしい」というすっぴん派の人や男性も、
身だしなみを整える感覚でできるはず。
クマやシミ、青いひげそりのあとを自然にカバーできるから、
印象がアップして自信にもつながります。
いっぽう、「ノーメイクだと疲れて見えてしまう」という人も、
「シミやシワを隠したくてファンデーションを厚く塗ってしまう」人も、
「若い頃にしていたメイクから抜け出せない」人も、
「アイラインやマスカラなどフルメイクてんこ盛り」の人も、
際立たせるポイントを決めた引き算メイクで、
自分の魅力的なポイントが引き立ち、垢抜けた印象に。
メイクが好きな人も苦手な人も、
まずは自己肯定感が上がるミニマルメイクにトライしてみてください。

メイクをしているかどうかわからないくらいの薄化粧でも、顔色がよく清潔感が出て好感度がアップするミニマルメイク。

how to make-up

ミニマルメイクのつくり方

厚塗りや色で飾る必要はなく、あくまで整えるだけ。
コンシーラーや薄づきのファンデーション（またはBBクリーム）で
肌の色ムラをカバーし、眉を少し整えるだけで、清潔感のある印象に。
唇に血色を足せば、イキイキとした表情に。

step.1

肌を整える

*items used_* BBクリーム・オークル
SPF40・PA+++ ¥1,290

のびがよく、なめらかで薄づきのファンデーションを両頬、おでこ、鼻、あごの5点に置き、内側から外側に向かって少しずつのばす。今回は下地、ファンデーション、UVケア、保湿を兼ねたBBクリーム（2024年5月にリニューアル予定）を使用。

step.1

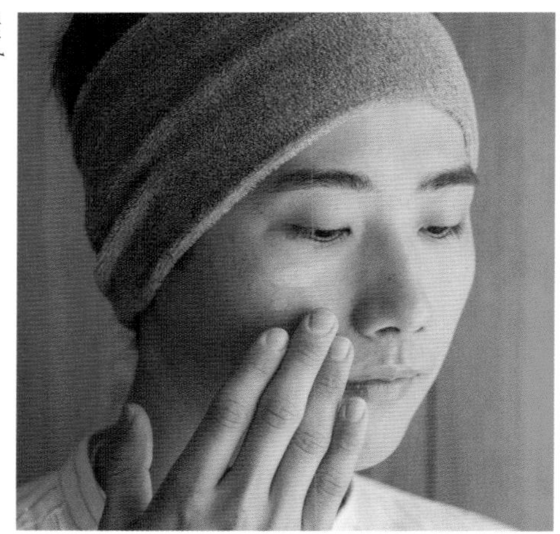

step.2

ピンポイントで隠す

*items used_* コンシーラー
スティックタイプ・ナチュラル ¥590

目の下のクマ、シミ、ニキビ痕など気になる肌ムラの上には、コンシーラーを少量のせ、薬指でやさしく叩いてなじませる。赤みが気になる場合は、密着感とカバー力が高いスティックタイプが◎。赤みやシミのカバーには、肌よりもやや暗めの色を選ぶと目立ちにくくなる。クマには、柔らかいテクスチャーで色のブレンドがしやすく、なじみやすいパレットタイプがおすすめ。ツヤがあるままでもよいが、男性は最後にルースパウダーを軽くのせると、マットで自然な仕上がりに。

step.2

下準備

スキンケアのあと、必ず日焼け止めを塗る。紫外線は夏だけでなく1年中降り注いでいるので、雨の日でも部屋の中でも、「光老化」によるシミやシワ、たるみ、乾燥などを避けるために、ケチらずたっぷり塗ること。

両頬、おでこ、鼻、あごの5点に置き、ムラにならないよう少しずつのばす。まぶたや鼻の下、口周りも忘れずに。頬骨からこめかみのCゾーンは焼けやすいので、二度塗りして。

step.3

眉を整える

*items used_* アイブロー・ペンシル&ブラシ ¥1,190

ナチュラルブラウンカラーのアイブローパウダーをブラシで眉全体にのせ、スクリューブラシでなじませる。眉はそのままだと青黒く見えてしまうので、色をのせるだけで垢抜けて、印象的な顔立ちになる。毛が生えていない部分がある人は、ペンシルで描いて埋める。濃くなりすぎないよう注意。また眉頭が濃くなると野暮ったくなるので、眉頭にはあまり描かないこと。

step.4

唇に血色を足す

*items used_* リップスティック ピンクベージュ ¥890

唇に潤いと血色感があると、顔色がよく健康的に見える。"メイクをしていない"ように見せたいなら、ほんのり色づく程度のリップがおすすめ。もとの唇の色によるが、リップスティックのピンクベージュは万人になじみやすい。ナチュラルに見せるには、リップを指の腹に取り、中央から口角に向けてポンポンとのせてなじませて。しっかり色を出したい場合は、二度塗りするとよい。

step.3

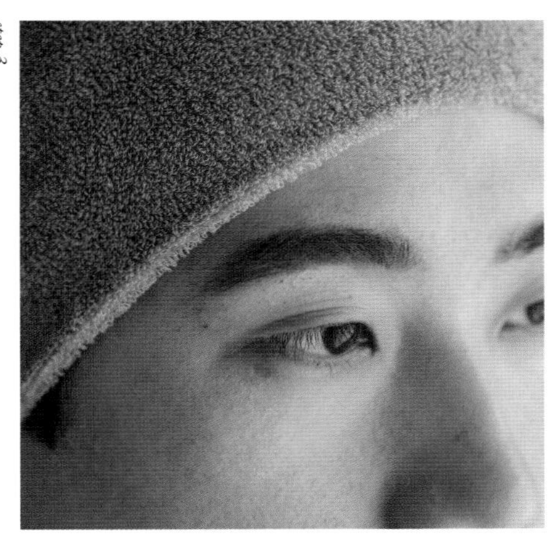

step.4

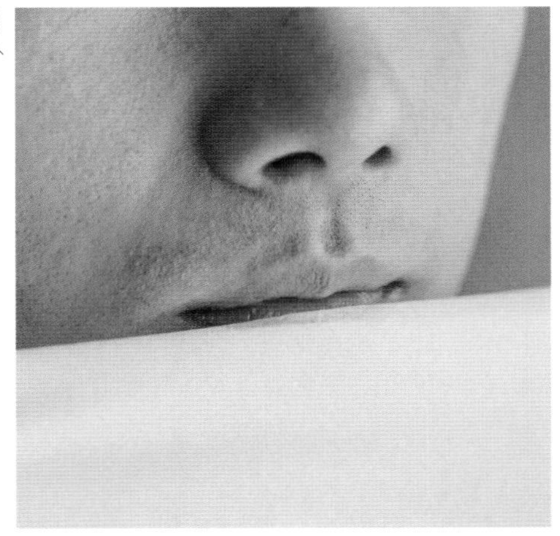

color make-up

特別な気分になれるカラーメイク

いつもは無難なメイクで済ませている人も、
ぜひ、遊び心のあるカラーメイクに挑戦してみて。
マンネリ感から脱出できて気分が上がったり、
知らなかった自分の表情に出会えたりするはずです。

easy orange make-up

モードなオレンジメイク

色を効果的に取り入れた遊び心のあるメイクも、ぜひお試しを。
目元をオレンジブラウンで彩り、ナチュラルな影と立体感を出せば、
いつもの服装でも新鮮な印象に。

*items used_*

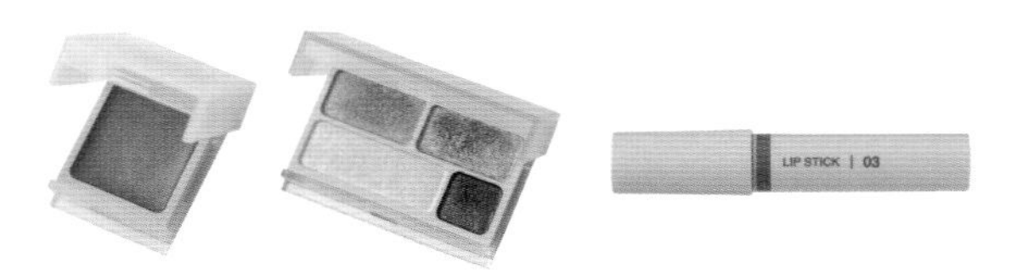

*how to_*

01_ ミニマルメイク(p.102を参照)を参考に肌を整える。
02_ アイカラークリームタイプのオレンジブラウンを上まぶたのアイホールに塗り、下まぶたのきわにも塗る。
03_ 目頭にアイカラー4色タイプ(コーラル)の明るいパールカラー(左下)を塗る。
04_ 上まぶたのきわにアイカラー4色タイプ(コーラル)の濃いブラウン(右下)をチップなどで細く塗って引き締める。
05_ あればライラックなどのハイライトカラーをチーク代わりに頬に塗ると、目元のオレンジがより引き立つ。
06_ 唇にリップスティック(ピンクベージュ)を指に取り、ポンポンと塗ってなじませる。

クリームアイカラーオレンジブラウン1.8g ¥790／アイカラー4色タイプコーラル4.9g ¥890／リップスティックピンクベージュ ¥890

easy pink chic make-up

シックなピンクメイク

ピンクは愛らしい色と思われがちですが、
使い方次第で甘さを抑えた大人っぽい雰囲気に。
彩度や明度の違うピンクを使うことで、メリハリをつけて。

*items used_*

*how to_*

01_ ミニマルメイク(p.102を参照)を参考に肌を整える。
02_ クリームアイカラー(コッパー)を上まぶたのアイホールに塗り、下まぶたのきわにも塗る。
03_ 眉骨に沿うように、上まぶたの眉下にアイカラー4色タイプ(スモーキーピンク)の薄めのピンク(左下)を塗り、ふんわりとグラデーションにする。
04_ 上まぶたの中央と下まぶたの中央に、アイカラー(シルバー)を指でトントンと置く。
05_ リップスティック(ピンクベージュ)を指に取り、唇にポンポンと塗ってなじませる。

アイカラー4色タイプスモーキーピンク 4.9g ¥890／クリームアイカラーコッパー1.8g ¥790
アイカラー シルバー ¥790／リップスティック ピンクベージュ ¥890

color make-up tips

カラーメイクのコツ

肌なじみのいいピンクやオレンジなら、カラーメイクにも挑戦しやすいはず。
色を使うポイントを1ヵ所に決めると、悪目立ちせずさりげなく仕上がります。
例えばアイカラーで遊ぶなら、肌やリップは控えめに。

Skin

肌

色を使うことで、メイクが濃く見えがち。抜け感を出すには、引き算が大切。肌はなるべく薄づきで仕上げるべし。ただし保湿&日焼け止めはマスト。

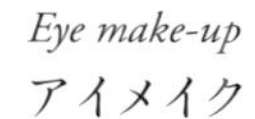

Eye make-up

アイメイク

まぶたの中央にはインパクトのある色をのせても、違和感が出にくい。シルバーのラメをのせれば、立体感のある眼差しに。

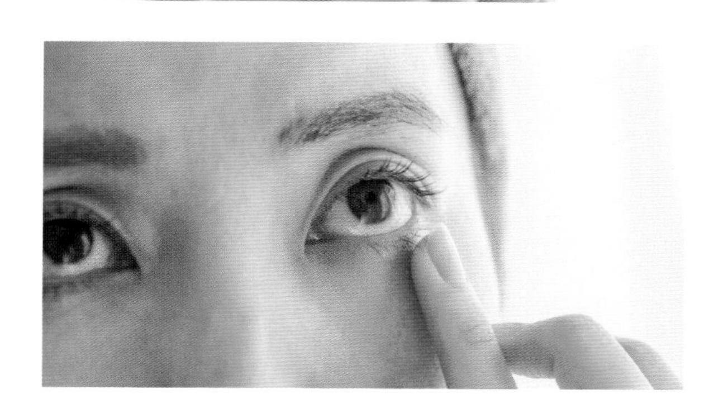

目頭が明るくなると、抜け感が出て表情が明るく見える。下まぶたにもアイカラーを塗ることで、立体感が出てなじみやすくなる。

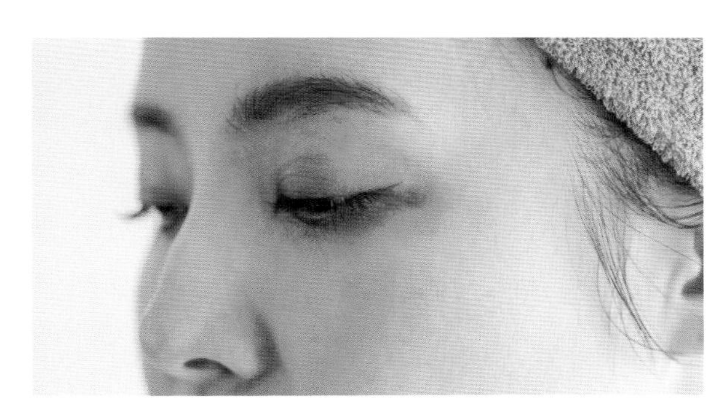

Eyebrows
眉

アイカラーやリップで色を使う場合、眉は主張せず、自然な表情に仕上げるとバランスがいい。パウダーとペンシルを合わせて使うことで、ふんわりとナチュラルな眉に。

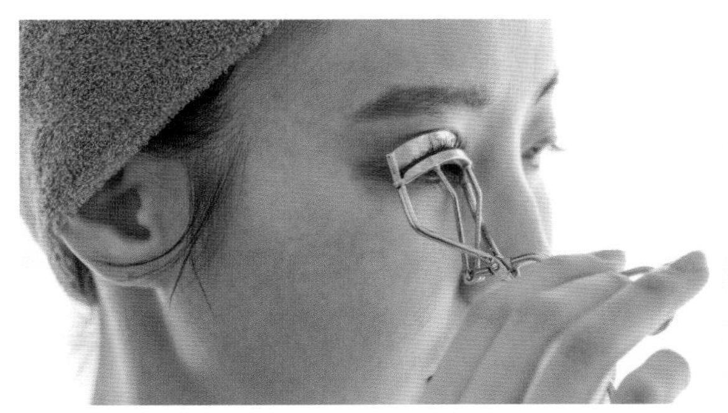

Eyelashes
まつ毛

顔立ちによっては、マスカラをつけるとトゥーマッチになることも。そんなときはビューラーでまつ毛を上げるだけでOK。ビューラーは根元と中央と2段階で使うことで、自然なカールになる。

Lip
リップ

目元に色を使う場合、リップは主張しないヌードカラーがおすすめ。ポンポン塗りでなじませて。

スキンケアにまつわるさまざまな疑問を解決！

Q. 01

日中の乾燥が気になります。メイクの上からクリームなどを塗るべき？

―

乾燥すると、皮脂が足りないと勘違いした肌が皮脂を分泌してしまうことも。外出先でも簡単に保湿ケアができるアイテムを持っておくと便利です。余分な皮脂をティッシュオフしてから、化粧直しミストや、トラベルサイズの乳液などで水分を補い、メイク直しをするといいでしょう。

Q. 02

ニキビやテカリ、毛穴詰まりや角栓が悩みです。どれを使えばいいですか？

―

ニキビの主な原因は毛穴に皮脂が詰まってアクネ菌が増殖し、炎症を起こすこと。同様に皮脂の過剰分泌によって、毛穴をふさぐように角質が厚くなると角栓になります。かといって洗顔をやりすぎてしまうと、肌が乾燥して皮膚の角質が厚く硬くなり、毛穴が詰まることに。どんな肌でも、泡洗顔で清潔に保ち、化粧水で水分を補い、乳液などで水分の蒸発を防ぐ、という基本ステップが大切です。皮脂が多い部分には補水をし、油分が多いクリームは必要ありません。ストレスや睡眠不足で肌の抵抗力が落ちているときは、敏感肌用シリーズ さっぱりなど、敏感肌に不足しがちなセラミドやアミノ酸を補いつつも油分が少ないタイプを選ぶといいでしょう。

Q. 03

スリーピングマスクを朝に使うのはNG?

朝も使用可能です。メイク前に使う場合は量を少なめに。つけすぎるとメイクがムラになってしまうので、ティッシュを肌にのせて軽く押すと、適度にオフできます。

Q. 04

薬用ってどういうこと?

化粧品は肌の保湿や清浄化など、製品全体としてその効果が期待されています。薬用化粧品は、化粧品としての期待効果に加えて、肌荒れやニキビを防ぐ、美白、デオドラントなどの効果を持つ有効成分が配合され、化粧品と医薬品の間に位置する医薬部外品に分類されています。有効成分が配合され、肌へ機能するように作られており、治療を目的とする医薬品と化粧品の中間くらいの立ち位置。肌への効果は、化粧品以上、医薬品未満ということ。

Q. 05

夏はベタつきがちだけど、乳液やクリームは省いちゃダメ?

汗をかいたり、皮脂の分泌が増えたりして、肌が潤っている気がするかもしれませんが、実際は紫外線や冷房などによって、乾燥しやすい時季です。化粧水だけで終わらせると水分が蒸発してしまうため、乳液やクリームは必要です。ベタつくのが苦手であれば、さっぱりタイプがおすすめ。ちなみに「クリームをつければ、化粧水はつけなくてOK?」と思うかもしれませんが、日本人は欧米人に比べると表皮が薄く皮脂が多いため、化粧水で補水し潤いで満たしてから、乳液やクリームをつけるのがベストです。

Q. 06

29歳ですが、カサつきやくすみが気になります。エイジングケアを使うには早いですか?

実際の年齢に関係なく、肌の悩みに応じて使いましょう。乾燥によるシワやたるみといったエイジングサインが気になるならば、年齢が若い方も使用OKです。

Q. 07

詰め替え用は、空きボトルを洗ってから入れるべき?

必ず同じ種類の本体ボトルで、ボトルとキャップは洗わずにそのまま詰め替えてください。容器に雑菌が発生する可能性があるので、水などで洗浄するのはNG。容器に傷や汚れが目立ってきたら、新しい容器に取り替えを。

エッセンシャルオイル
ペパーミント
内容量：30 mL
Essential oil
Peppermint
Content: 30 mL
MUJI 無印良品
エッセンシャルオイル
レモン
内容量：10 mL

part.5 ―― 香りで心を整える

スキンケアやメイクアップが、
見た目を整えることで心が整う手段だとしたら、
香りは自分の内側に向かって働きかけ、
心身を整えてくれるもの。
朝、昼、夕方、夜、
それぞれの時間をより心地よくするための
香りの取り入れ方をご提案します。

effect of fragrance

香りの効能

芳香植物から抽出した精油(エッセンシャルオイル)を使って、
健康をサポートする自然療法をアロマセラピーといいます。
嗅覚からの情報は脳へダイレクトに伝達されるため、匂いとして認識するだけで、
自律神経系や内分泌系(ホルモン)、免疫系など、全身に影響を与えることができます。
また、香りを捉えている「今」に集中することがマインドフルネスになり、
気軽な気分転換や、場面を切り替えるスイッチにもなります。
精油は、植物が光合成によって作りだした油分から成る天然の物質を、
水蒸気蒸留や圧搾などの方法で凝縮し、抽出したもの。
そんな精油を「心を整えるツール」としてカジュアルに取り入れることができたら、
日々の生活がより豊かになるはず。
そこで、精油療法士として活動する「THENN AROMATHERAPY」の加藤広美さんに、
精油を日常的に活用する方法を教えていただきました。

Hiromi KATO ｜ 加藤広美さん

*profile_* THENN AROMATHERAPY主宰。PEOTセラピスト、精油療法士。ロンドン・スクール・オブ・アロマテラピー・ジャパンにて、植物学、解剖・生理学、精油の化学についてアロマテラピーを体系的に学び卒業。2019年より英国IFA（国際アロマセラピスト連盟）に所属し、精油を用いた健康の維持、促進に特化した国内では数少ないPEOT（プロフェッショナル エッセンシャル オイル「セラピー」）セラピストとして、対面でのパーソナルブレンディングを中心に、ワークショップや企業プロダクトの香りの監修、香りでの空間演出を行っている。 https://thenn.tokyo/

01
心身を整える香りの選び方

精油の成分には、鎮静、循環促進、抗菌といった効能がそれぞれあります。でも「安眠にはラベンダー」が効くとされていても、好みではない、ピンと来ないという人もいるかもしれません。大切なのは、嗅いだときに自分がどう感じたか。ミントの香りで元気が出るのか、リラックスするのかは人それぞれです。だからまずは、自分が好きだと感じる香りを見つけましょう。その精油の性質を調べて学べば面白くなり、自分で選ぶ力もついてくるでしょう。

また、なぜその香りが好きだと感じたか、という理由に向き合ってみると、今の心身の状態がわかってきます。元気になると言われている香りを選んだときは、疲れているのかもしれません。鎮静効果のある香りに手が伸びる人は、睡眠が足りていなかったり、ストレスがたまっていたりするのかも。脳が疲れていると、嗅覚も麻痺しています。疲れているときに辛いものや音を立てて食べるものを欲するように、刺激的な強い匂いを求めがち。精油の匂いをきちんと感じられるかどうかで、体が本来の状態であるかを調べるテストにもなります。自分の気持ちや体調に照らし合わせて精油を選べば、生活が整い、自律神経やホルモンバランスが整うことにもつながっていくのです。

02

心地よい香りをブレンドする

精油を選ぶとき、1種類だと香りがはっきりしすぎていて、強すぎると感じることも。ところがそこに別の精油を組み合わせると、カドが取れてマイルドになったり、調和して好みの香りになったりします。2〜3種類の香りが混ざると曖昧になりながらも、奥行きが出るのです。自分にとって心地よい組み合わせを探すのも楽しいものです。

ブレンドをイメージするには、店頭のテスターのふたを開け、2〜3本の瓶を持って鼻の前で水平に動かし、漂ってくる香りを嗅ぎます。比率によっても変わるから、2種類だけでもいろいろな楽しみ方ができるはず。

03

残らない香りだからこそ

精油の香りは揮発性（常温で蒸発しやすい）なので、香水のように後に長く残りません。匂いには好き嫌いがありますが、精油はやさしく香り、穏やかに消えていくので、周囲の人が不快に感じる心配も最小限。

また精油は酸化しないよう、新鮮なうちに使い切りましょう。古くなってしまったときは、掃除に活用するのもおすすめですよ。例えば濡らして絞ったタオルに、スウィートオレンジやレモンの精油を一滴垂らして拭き掃除に。床に垂らすのではなく、タオルの方になじませてから拭くことで、シミができる心配も防げます。

Essential oil
Content 10 mL
MUJI

香りの取り入れ方

morning

朝

アロマテラピーのなかで、もっとも手軽でシンプルな方法といえば、
口や鼻から精油成分を吸い込む吸入と、
香りを空間に広げて楽しむ芳香浴。
時間のない朝は、フランキンセンスやゼラニウムなどの精油の
瓶のふたを開けて香りを嗅ぐだけでも、心をニュートラルにできます。
バタバタしていても、メイクをする前にふたを開けて深呼吸すれば、
落ち着いて気持ちを切り替えることができるはず。
ストレッチやヨガをする際も、
精油の香りを嗅いで呼吸を整えてから行うことで、
動きやすくなり可動域が広がります。

エッセンシャルオイル ゼラニウム 10ml ¥1,790

エッセンシャル
ペパーミント
内容量:10 ml

daytime

昼

出かける前、ハンカチに好きな精油を数滴染み込ませておきましょう。
簡易的なインヘラー(芳香吸入)になります。
緊張して不安なときや、満員電車や人混みで気分が悪くなりそうなとき、
憂鬱になりがちな雨の日、
鼻の通りがよくなるペパーミントやユーカリなどの精油を垂らした
ハンカチを取り出して匂いを嗅げば、すっきりするはず。
香りを長持ちさせたいときは、ハンカチを密閉できるポリ袋に入れたり、
精油を垂らしたコットンを旅行用のクリームケースなどに入れて携帯するのも手。
ほかにも、簡単にできるアイデアをいくつかご紹介しましょう。
クローゼットや湿気が多い場所に、抗菌作用が期待できる
ヒノキやレモングラスの精油を染み込ませたアロマストーンやサシェをしのばせて。
外から持ち込まれた菌やバクテリアにも対抗してくれますし、
樟脳のように防虫剤としての効果も期待できます。
濡れてしまった靴の中には、丸めた紙にティートリーの精油を垂らして詰めておくと、
雑菌の繁殖を抑え、嫌な臭いを防いでくれます。

エッセンシャルオイル ペパーミント 10ml ¥1,790

エッセンシャルオ
ベルガモット
内容量：10 mL
Essential oil
Bergamot
Content: 10 mL
MUJI 無印良品

evening

夕方

1日の仕事がひと段落して疲れてきたけれど、
夕飯の準備や子ども達のお迎えに行かなくては！
そんな"もうひと頑張り"の時間帯には、
小皿に水を張り、精油を垂らしてリフレッシュを。
日中には気持ちが明るくなるレモンやスウィートオレンジもいいですが、
夕方の気分に寄り添ってくれるのは、
少しビターなベルガモットやグレープフルーツなどの香り。
張った水に垂らすと、水が蒸発するときに香りが拡散します。
空気が乾燥している冬は加湿器代わりにも。
お湯を使えば、さらに蒸気で香りが広がりやすくなります。

エッセンシャルオイル ベルガモット 10ml ¥1,790

エッセンシャルオイル
Essential oil
Yuzu
Content: 10 mL
MUJI 無印良品
エッセンシャルオイル
ひのき
内容量：10 mL
Essential oil
Japanese cypress
Content: 10 mL
MUJI 無印良品

night

夜

好きな香りに包まれて眠りたい、と思う人は多いよう。
特に眠りに悩みがある人には、香りはよい入眠のスイッチングになるでしょう。
ただし気をつけたいのは、
ディフューザー(芳香剤を拡散する器具)をつけっぱなしで寝ないこと。
というのも嗅覚は、五感のなかでも特に疲弊しやすい器官だから。
香らせ続けていると脳の疲労に直結し体への負担となってしまうのです。
おすすめは、眠る少し前にディーフューザーで10分ほど香らせておくこと。
その間に入浴やスキンケアなどを済ませ、眠るときにはスイッチを消して
寝室にほのかに香りが漂っているという状態が理想。
「今から寝ますよ」というサインになり、上質な眠りにつながりそうです。
血圧降下作用(眠りにつくときと似た状態)があるイランイランや、
穏やかに鎮静するブラッドオレンジの香りもいいですし、
柚子やヒノキといった和の香りに、気持ちが落ち着く人も多いはず。

エッセンシャルオイル ゆず 10ml ¥1,990/エッセンシャルオイル ひのき 10ml ¥1,790

STAFF

ブックデザイン　岡村佳織、金森 彩

撮影　清水奈緒／p1〜2, 4, 10, 12, 14, 16, 18, 20, 24, 26, 28, 30, 32, 34, 36, 75〜128
伏見早織(世界文化ホールディングス) p40〜59, 62〜71

モデル　高橋和希、上枝みどり、小泉虎之介

イラスト　大塚文香

校正　株式会社円水社

編集　藤井志織

編集部　能勢亜希子

撮影協力　omotesando atelier

掲載商品の問い合わせ先

無印良品 銀座　tel 03･3538･1311

※掲載商品の価格はすべて税込みです。
※掲載商品の情報は本書初版発行時のものです。

やさしいもので整える

無印良品の
セルフケア

発行日　2024年5月15日 初版第1刷発行

発行者　駒田 浩一

発行　株式会社ワンダーウェルネス

発行･発売　株式会社世界文化社
〒102-8194
東京都千代田区九段北4-2-29
電話 03-3262-3913(編集部)
電話 03-3262-5115(販売部)

印刷･製本　株式会社リーブルテック

DTP製作　株式会社明昌堂

ISBN 978-4-418-24410-2